湖南种植结构调整暨产业扶贫实用技术丛书

园林花卉栽培技术

yuanlinhuahui
zaipeijishu

主　　编：李卫东
副 主 编：肖远志　黄国林　肖晓玲
编写人员：李卫东　肖远志　黄国林　肖晓玲
　　　　　巩养仓　曾　斌　张　力　刘　洋
　　　　　周宇霞　何　涛　蒋　菁　唐桂梅

湖南科学技术出版社

图书在版编目（ＣＩＰ）数据

园林花卉栽培技术 / 李卫东主编. -- 长沙：湖南科学技术出版社，2020.3（2020.8重印）
（湖南种植结构调整暨产业扶贫实用技术丛书）
ISBN 978-7-5710-0425-5

Ⅰ．①园… Ⅱ．①李… Ⅲ．①花卉－观赏园艺 Ⅳ.①S68

中国版本图书馆 CIP 数据核字 (2019) 第 276127 号

湖南种植结构调整暨产业扶贫实用技术丛书
园林花卉栽培技术

主　　编：李卫东
责任编辑：欧阳建文
出版发行：湖南科学技术出版社
社　　址：长沙市湘雅路 276 号
　　　　　http://www.hnstp.com
印　　刷：长沙新湘诚印刷有限公司
　　　　　（印装质量问题请直接与本厂联系）
厂　　址：长沙市开福区伍家岭街道新码头 9 号
邮　　编：410008
版　　次：2020 年 3 月第 1 版
印　　次：2020 年 8 月第 2 次印刷
开　　本：710mm×1000mm　1/16
印　　张：11.75
字　　数：160 千字
书　　号：ISBN 978-7-5710-0425-5
定　　价：38.00 元

《湖南种植结构调整暨产业扶贫实用技术丛书》
编写委员会

重农固本是安民之基、治国之要。党的"十八大"以来，习近平总书记坚持把解决好"三农"问题作为全党工作的重中之重，不断推进"三农"工作理论创新、实践创新、制度创新，推动农业农村发展取得历史性成就。当前是全面建成小康社会的决胜期，是大力实施乡村振兴战略的爬坡阶段，是脱贫攻坚进入决战决胜的关键时期，如何通过推进种植结构调整和产业扶贫来实现农业更强、农村更美、农民更富，是摆在我们面前的重大课题。

　　湖南是农业大省，农作物常年播种面积1.32亿亩，水稻、油菜、柑橘、茶叶等产量位居全国前列。随着全省农业结构调整、污染耕地修复治理和产业扶贫工作的深入推进，部分耕地退出水稻生产，发展技术优、效益好、可持续的特色农业产业成为当务之急。但在实际生产中，由于部分农户对替代作物生产不甚了解，跟风种植、措施不当、效益不高等现象时有发生，有些模式难以达到预期效益，甚至出现亏损，影响了种植结构调整和产业扶贫的成效。

　　2014年以来，在财政部、农业农村部等相关部委支持下，湖南省在长株潭地区实施种植结构调整试点。省委、省政府高度重视，高位部署，强力推动；地方各级政府高度负责、因地制宜、分类施策；有关专家广泛开展科学试验、分析总结、示范推广；新型农业经营主体和广大农民积极参与、密切配合、全力落实。在各级农业农村部门和新型农业经营主体的共同努力下，湖南省种植结构调整和产业扶贫工作取得了阶段性成效，集成了一批技术较为成熟、效益比较明显的产业发展模式，涌现了一批带动能力强、示范效果好的扶贫典型。

为系统总结成功模式，宣传推广典型经验，湖南省农业农村厅种植业管理处组织有关专家编撰了《湖南种植结构调整暨产业扶贫实用技术丛书》。丛书共 12 册，分别是《常绿果树栽培技术》《落叶果树栽培技术》《园林花卉栽培技术》《棉花轻简化栽培技术》《茶叶优质高效生产技术》《稻渔综合种养技术》《饲草生产与利用技术》《中药材栽培技术》《蔬菜高效生产技术》《西瓜甜瓜栽培技术》《麻类作物栽培利用新技术》《栽桑养蚕新技术》，每册配有关键技术挂图。丛书凝练了我省种植结构调整和产业扶贫的最新成果，具有较强的针对性、指导性和可操作性，希望全省农业农村系统干部、新型农业经营主体和广大农民朋友认真钻研、学习借鉴、从中获益，在优化种植结构调整、保障农产品质量安全，推进产业扶贫、实现乡村振兴中做出更大贡献。

丛书编委会

2020 年 1 月

目 录
Contents

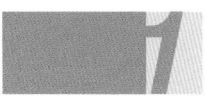

第一章
园林花卉概况

第二章
园林花卉栽培技术

3

第三章
一二年生花卉

第四章
宿根花卉

第五章

球根花卉

第六章
木本花卉

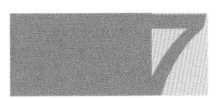

第七章
藤本花卉

第一章
园林花卉概况

第一节　园林花卉栽培简史

　　我国不仅是一个园林花卉资源极其丰富的国家，而且园林花卉栽培历史也极为悠久。远在春秋时期，吴王夫差在会稽建梧桐园，已有栽植观赏花木茶与海棠的记载；秦汉时期，所植名花异草更为丰富，如汉成帝在长安兴建上林苑，种植各种花木两千余种；西晋时期，嵇含撰写的《南方草木状》记载了两广和越南栽培的园林植物 80 种；东晋时期，陶渊明诗集中有"九华菊"品种名，还有栽培芍药的记载；隋代，园林花卉栽培渐盛，此时芍药已广泛栽培。

　　唐代，园林花卉的栽培技术有了较大的发展，有关花卉方面的专著不断出现，如唐王芳庆著的《园林草木疏》、李德裕著的《平泉山居草木记》等。宋代，园林花卉栽培有了极大的进步，专谱著述也尤为丰富，有代表性的如陈景沂的《全芳备祖》，刘蒙、史正志的《菊谱》，范成大的《范村梅谱》，王观的《芍药谱》，王学贵的《兰谱》，陈思的《海棠谱》，欧阳修、周师厚的《洛阳牡丹记》等。这些著作不仅有品种分类的记载，还有繁殖栽培方法的记载。元代，处于文化低落时期，花卉栽培亦衰落。

　　明代，园林花卉栽培渐盛，达到高潮。在栽培技术及选种育种方面亦有

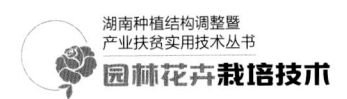

进一步发展，花卉种类及品种有显著增加。专谱专籍有代表性的如高濂的《兰谱》、薛凤翔的《牡丹八木》、黄省曾的《艺菊》、周文华的《汝南圃史》、王象晋的《二如亭群芳谱》等。清代，园林花卉栽培亦盛，专谱专籍亦颇多，有代表性的如陆廷灿的《艺菊志》、计楠的《牡丹谱》、赵学敏的《凤仙谱》、马大魁的《群芳列传》、陈淏子的《花镜》等。民国时期，园林花卉事业虽然有所发展，但是仅限于少数城市，专业书刊出版亦少，有代表性的如陈植的《观赏树木》、童玉民的《花卉园艺学》、黄岳渊、黄德邻的《花经》、陈俊愉、汪菊渊等的《艺园概要》等。

新中国成立以后，我国的园林花卉事业受到了越来越多的重视，尤其是改革开放之后园林花卉产业发展迅速，花事活动也十分活跃。全国各地纷纷成立花卉产业协会，积极组织、引导花卉产业的生产栽培，由露地栽培逐步转入设施栽培；由传统的保护地栽培转入现代化设施栽培；由传统一般盆花转入高档盆花；由国内市场转入国内国际市场并举。

第二节　园林花卉栽培发展现状及前景

一、园林花卉栽培发展现状

我国幅员辽阔，地跨热带、亚热带、暖温带、中温带、寒温带等多个气候带。东西横跨 62 个经度，地势起伏，气候迥异，形成多种生态类型和气候类型，植物种类多样，既有热带、亚热带植物，又有温带植物及寒带植物，高等植物达三万种之多，其中可作为园林花卉资源的占 20% 以上，为世界园林花卉资源最丰富的国家之一，素有"世界园林之母"的美誉。目前，我国园林花卉产业得到了迅猛的发展，成为最具发展潜力的产业之一，已成为世界上最大的园林花卉生产基地，种植面积和产量居世界第一位。园林花卉产品的产量、质量稳步提高，专业化、规模化水平大幅提高。

湖南省园林花卉产业历史悠久，种植面积位居全国第六，截至 2017 年底，湖南园林花卉种植面积达 7.63 万公顷，销售额达 539 亿元，是集经济效益、社会效益和生态效益"三效合一"的绿色朝阳产业。湖南省园林花卉产业的优势包括以下四个方面。

1. 地理条件优势

湖南属亚热带湿润季风气候，湘资沅澧四水纵横交错，省内地形变化多样，是南北气候、东西地形过渡地带。四季分明，雨量充沛，红壤等酸性土壤广布，拥有丰富的园林花卉植物，其中野生、园林观赏树木就达 1987 种，非常适于发展以观赏植物为主的园林花卉产业。

2. 产业开发优势

湖南省把园林花卉作为产业来抓始于 20 世纪 90 年代初期，以拓展城市绿化基地为契机，走出一条公助民办、个体花农种植的发展道路。成立了一批由湖南省农业科学院、湖南农业大学等科研院所和高校组成的较强的花卉科研机构。

3. 品质改良优势

优势种有香樟、红花檵木、桂花、紫薇、罗汉松等。由于特殊的地理条件，湖南省内森林中蕴藏着丰富的野生花卉资源。

4. 整体规模优势

湖南省形成了以园林绿化苗木为特色的园林花卉产业带，该产业带 80%以上集中在长株潭地区，主要集中在浏阳花木产业带区域及附近地区。浏阳花木产业带已成为中南地区园林花卉苗木最大的集散中心之一，并呈现规模化、专业化发展的良好态势。

二、园林花卉栽培发展前景

我国横跨多个气候带，拥有最丰富的观赏植物种质资源，劳动力资源充足，生产成本相对较低，园林花卉生产面积世界领先，生产水平和市场供应能力稳步提升。经过多年发展，我国园林花卉生产格局基本稳定，种植栽培设施不断升级，种植技术与国外花卉发达国家的差距日益缩小，具有很强的

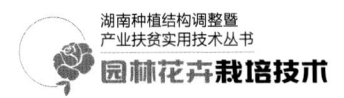
市场竞争力，市场潜力巨大。园林花卉产业是美丽的公益事业，也是绿色的朝阳产业，是绿化和美化环境、建设美好家园的重要支撑。党中央、国务院高度重视生态文明建设，先后出台了一系列重大决策部署，强调将加快建设美丽中国。一系列政策意见的出台，奠定了园林花卉产业的战略地位，也为园林花卉产业发展指明了方向，更为产业发展带来了巨大的潜力。同时，城市化进程不断加速，城市绿化、美化需求不断加大，改善城市生态环境、打造宜居生活空间已经成为政府和老百姓的共同愿望，园林花卉本身特有的生态功能与生态文化必将使其成为美丽城市建设的先行者、美好生活空间的缔造者，也必将为产业自身营造出更为广阔的发展空间。

近年来，湖南在延长和丰富花卉产业链上下了很多功夫，如提高产品精深加工水平，大力发展花卉观光旅游和休闲，丰富花文化内涵，增加花产品附加值。湖南自古山清水秀，绿色文化源远流长，随着物质生活水平的提高，人们越发关注生态环境的改善和生活质量的提升。因此，拓展观赏、药用、食用、香料花卉和盆栽、草坪、鲜切花及基质、容器、工艺、设施设备等专业化发展空间，是推动湖南花卉产业发展的新动力，也为产业融合提供更丰富的资源。

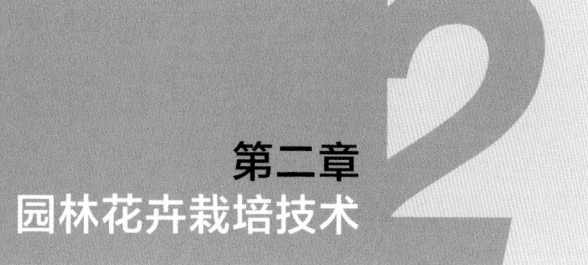

第二章
园林花卉栽培技术

第一节　园林花卉繁殖技术

一、种子繁殖

（一）种子繁殖的概念及特点

1. 种子繁殖的概念

种子繁殖又称实生繁殖或有性繁殖，是利用种子或果实播种而产生后代的一种繁殖方式。这类繁殖是植物在营养生长后期转为生殖生长期，通过有性过程形成种子，因此又称为有性繁殖。凡是由种子播种长成的幼苗称为实生苗。

2. 适于有性繁殖的花卉种类

对于那些产生大量种子，而籽苗又大致保留祖代优良性状的植物来说，从种子生长成植株通常是代价最低又最令人满意的植物繁殖方法。花卉生产中常用种子繁殖的花卉包括：

（1）一二年生草本花卉。

（2）部分宿根和球根花卉，如仙客来、大岩桐、矮生大理菊等。

（3）部分木本花卉。

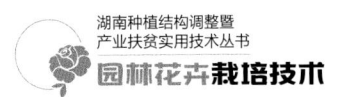
3. 主要用途

（1）用于绝大多数一二年生的花卉以及地被植物生产。

（2）常用于繁殖果树及某些木本观赏植物的实生苗。

（3）常用于杂交育种。

（二）种子的采集与贮藏

1. 种子采集的原则

（1）应选择生长健壮、无病虫害、无机械损伤的植株作为采种母株，并选择其中生长发育良好且具有品种典型形状的果实为种源，淘汰畸形果、劣变果、病虫果。

（2）如果田间生长的果实或种子为一次性成熟，则采种也应一次性完成。淘汰少数生长发育迟缓的种源，如十字花科。

（3）如果果实或种子是分期成熟的，采种工作也应分期分批进行。

（4）要在种子充分成熟时采收。

2. 采种的时期与方法

（1）对于成熟期一致而又不容易散落的种子，可在种子充分成熟时，把整个花序或植株一同剪切采收，风干后，种子便可揉搓、敲打、机械处理等，而后自果实中脱出。

（2）对于陆续成熟，且容易散落的种子，应分批采收，成熟一批采收一批。如一串红、紫茉莉、波斯菊、金鸡菊、美女樱、长春花。

（3）对于成熟时自然开裂、落地的果实，必须在果实熟透前采收，即在果实由绿色转为黄褐色时采收，最好在清晨湿度较大时采收，经晾晒后取种，如荚果、蒴果、长角果、菁葵果、针叶树的球果、草籽、菊科的瘦果、半枝莲、凤仙花、三色堇、花菱草。

（4）对于肉质果实的种子，必须要等果实充分成熟并足够软化后采集。最好在室内放置数天，使种子充分后熟，用清水浸泡，需要经过发酵或机械的方法去除果肉取出种子，再洗净晾干。

（5）取得的种子会带有杂物，可用风吹、过筛、机械处理等方法，提高种子的净度。值得注意的事情是，目前市场上出售的花卉种子大部分是 F1 代种子，自行采种后的种子播种后会发生中性退化的现象。

3. 花卉种子的贮藏方法

（1）干燥贮藏法：通常可用纸袋、纸箱进行干藏。保持干燥是防止种子变质的主要条件，含水率应保持在 12% 以上，才能使种子的生命活动稳定。

（2）干燥密闭法：将充分干燥的种子放在罐子或瓶子一类的容器中，密封后置于冷凉处保存。

（3）干燥低温密闭法：充分干燥的种子，置于 1℃～5℃ 的冰箱中贮藏，最好在 2℃～3℃ 的条件下保存，可降低种子的呼吸作用，从而保持种子有较长的生命力。

（4）其他方法：睡莲、王莲的种子，则须放入盛水的瓶中。

4. 种子的播前处理

一些容易发芽的种子可直接播种，但是不容易发芽的种子在播种前要进行处理，称之为播前处理。播种前处理的目的是打破休眠，促进种子快速而整齐的萌发，又起到提高幼苗的抗性和对种子消毒的作用。

（1）选种：应为充实饱满、无病虫害、成熟度一致的个体，这样才可适时萌发出健壮的幼苗。

（2）破皮处理：种子的破皮处理方式有机械破皮、酸碱腐蚀处理、化学药剂处理、清水浸种、低温层积处理。

（3）种子消毒

①药液浸种：用福尔马林 100 倍液浸种 15～20 分钟，捞出种子放入密闭的容器中熏蒸 2～3 小时，再洗净种子。用 1% 的硫酸铜浸种 5 分钟，2% 氢氧化钠浸种 15 分钟，0.1% 高锰酸钾浸种 30 分钟，10% 磷酸三钠浸种 10～15 分钟。

②药粉拌种：拌入种子重量的 0.3%～0.5% 的农药，如 70% 的敌克松、50% 的退菌特、90% 的敌百虫。

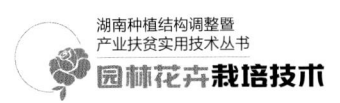

③用种衣剂、杀菌剂、避虫剂、营养物质、激素、吸水剂等。

④温汤浸种和热水烫种等。

（4）催芽

①低温处理：古代稀、福禄寿、花菱草等，在5℃的温度下放置3天，可以顺利发芽。

②变温处理：实施24小时周期的变温处理，矮牵牛在20℃18小时、30℃6小时或20℃16小时、30℃18小时周期变温条件下处理，黑种草在20℃8小时的周期变温条件下处理。

③开水处理：干燥的刺槐种子特别坚硬，种皮质密，透水性差，用开水烫种处理后，可顺利发芽。

④层积法：蔷薇科植物种子放置于5℃湿润土壤中培养90~100天，即可顺利发芽。

⑤光处理：对于好光性种子，细小种子可不覆土但务必保持土壤湿润，也可采用透光性良好的质材作为播种介质，如蛭石、珍珠岩。对于嫌光性种子，播种后，放置于黑暗处（出芽后应及时移到光亮的地方）或充分覆土。

二、无性繁殖

无性繁殖又称营养繁殖，是指利用植物的营养器官即根、茎、叶或芽的一部分为繁殖材料，培育新植株的繁殖方式。

（一）嫁接

嫁接是将一种植株上的枝条或芽，接到另一种植株的枝、干、根上，使之形成一个新的植株的繁殖方式。通过嫁接培育出的苗木称之为嫁接苗。用来嫁接的枝或芽称为接穗，承受接穗的植株称为砧木。

1.嫁接方法

（1）芽接：利用一个芽作接穗的嫁接方法。优点是操作技术简便，嫁接速度快，接穗的利用率高，一年生砧木即可嫁接，而且容易愈合，成活率高，成苗快。适合大量繁殖苗木。适于嫁接的时期长，嫁接时不用剪断砧木，一次接不活还可以补接。

（2）枝接：把带有1个芽或数个芽的枝条接到砧木上称为枝接。优点是成活率高，嫁接苗生长快，在砧木较粗及砧木、接穗均不离皮条件下多用枝接。如春季对在秋季芽接未成活的砧木进行补接。缺点是操作技术不如芽接容易掌握，而且用接穗较多，要求砧木有一定的粗度。枝接常用的方法有切接、劈接、皮下接、腹接、靠接、舌接。

（3）根接：以根系作砧木，枝条为接穗的嫁接方法。砧木是一个完整的根系，也可以是一个根段。

2.嫁接苗的管理

（1）检查成活情况：检查成活率及补接嫁接7~15天后的成活情况，枝接的需要接穗萌芽后有一定生长量时才能确定是否成活。未成活的需要补接。

（2）解绑并剪砧：成活的嫁接苗要及时解除绑缚物。

（3）除萌：剪除砧木发出的萌蘗。

（4）设立支柱：接穗成活萌发后，需要将接穗绑在支柱上。

（5）圃内整形：一些在幼苗期能发出二次梢或多次梢的树种，当年能发出2~4次梢，可利用副梢进行苗圃内整形，培育出优质成型的大苗。

3.其他管理

中耕除草、追肥灌水和防治病虫害。

（二）扦插繁殖

扦插繁殖是切取植物的枝条、叶片和根的一部分，插入基质中，使其生根、萌芽、抽条，成长为新的植株的繁殖方式。

1.促进插条生根的方法

（1）机械处理

①剥皮：对于木栓组织比较发达的枝条或较难发根的木本植物，扦插前可将表皮木栓层剥去（无上韧皮部），对促进发根有效。

②纵伤：用利刀或手锯在插条的基部1~2节的节间处划5~6道纵向切

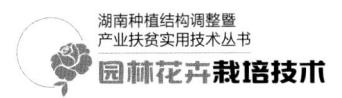

口，深达木质部，可促进节部和茎部断口周围发根。

③环剥：在取插条之前 15~20 天，对母株上准备采用的枝条基部剥去宽 1.5 厘米左右的一圈树皮。在其环剥口长出愈伤组织而又未完全愈合时，即可剪下进行扦插。

（2）黄化处理：对不易生根的枝条在其生长初期用黑纸、黑布或黑色塑料薄膜等包扎基部，使之黄化，可促进生根。

（3）浸水处理：休眠期扦插，插前置于清水中浸泡 12 小时，使之充分吸水，达到饱和生理湿度。

（4）加温催根处理：增加基质温度，控制空气温度。可用电热温床加温。

（5）药物处理

①植物生长调节剂：一般的植物生长调节剂为吲哚乙酸（IBA）、萘乙酸（NAA），液浸法分高浓度（500~1000 mg/L）和低浓度（5~200 mg/L）。低浓度溶液浸泡插条 4~24 小时，高浓度溶液快蘸 5~15 秒。

②其他化学药剂：维生素 B1、维生素 C、硼素、蔗糖、高锰酸钾。

2. 扦插的种类及方法

（1）叶插：用于能在叶上产生不定芽或不定根的园艺植物，以花卉居多，大都具有粗壮的叶柄、叶脉和肥厚的叶片。扦插方法有全叶插、片叶插。

（2）枝插：扦插方法有硬枝扦插、绿枝扦插、芽叶插、根插

3. 扦插过程

（1）插条贮藏：硬枝扦插的插条如果不立即扦插，可按长度 60~70 厘米剪截，每 50 根或 100 根打捆，标明品种、采集日期及地点，选择地势较高、排水良好的地方挖沟或建窖，以湿沙埋住贮藏；短期贮藏可放置在阴凉处，用湿沙埋放。

（2）扦插时期：一般的落叶树硬枝在 3 月扦插，绿枝在 6 月到 8 月扦插，常绿阔叶树多在 7 月到 8 月扦插。常绿针叶树以早春为好。草本一年四季均可。

（3）扦插方式：扦插分为畦插和垄插。

（4）苗床基质：易于生根的树种对基质的要求不严，一般土壤即可；生根慢的种类及绿枝扦插对基质要求严格，既要具有保水性又要具有透气性。

（5）插条的剪截：草本插条7~10厘米；落叶休眠枝15~20厘米；常绿阔叶枝10~15厘米。插条切口下段可剪削成双面楔形或单面马耳形，或者平剪，一般要靠近节部，剪口整齐，不带毛刺。注意插条的极性。

（6）扦插的深度与角度：深度适宜，一般硬枝扦插春插时顶芽与地面齐平，夏插时扦插要使顶芽露出地面，干旱地区扦插，插条顶芽与地面齐平或稍低于地面。绿枝扦插时，插条插入基质中1/3或1/2，扦插角度一般为直插，插条长时可斜插，但角度不宜超过45度。

4.扦插苗的管理

扦插后插条的下部生根，上部发芽，展叶，直到新生的扦插苗独立生长，整个阶段为成活期。关键是水分管理，尤其是绿枝扦插，最好有喷雾条件，苗圃地扦插要灌足水，成活期要根据墒情及时补水。浇水后及时中耕松土。插后覆膜是一项有效的保水措施。苗木独立生长后，除继续保证水分外，还要追肥、中耕除草。在苗木进入硬化期，苗干木质化时应停止浇水施肥，以免苗木徒长。

（三）压条繁殖

压条繁殖是在枝条不与母株分离的情况下，将枝梢部分埋入土中，或包裹在能发根的基质中，促进枝梢生根，然后再与母株分离成独立的植株的繁殖方式。

1.直立压条

直立压条又称垂直压条和培土压条。苹果、梨的矮化砧、石榴、无花果、木槿、玉兰、夹竹桃、樱花等均可采用此法繁殖。

2.曲枝压条

一些蔓性植物，接近地面的枝条可以被拉平并压入土壤中，其上的芽经过刻伤后，受到刺激萌发形成新梢，埋入土中的部分可形成不定根，然后与母株分离，形成一个独立的植株。

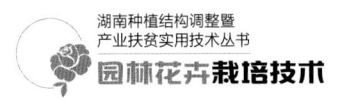

3. 空中压条

高压法，我国古代就已开始用此法繁殖石榴，所以又叫中国压条法。该法技术简单、成活率高，但对母株损伤较重。在整个生长季节均可进行。

（四）分生繁殖（分株繁殖）

分生繁殖是将植物体分生出来的幼植体（吸芽、珠芽、根蘖等，或植株营养器官的一部分）进行分离或分割，脱离母株而形成独立植株的繁殖方法。容易成活，成苗快、繁殖简单、但繁殖系数低。

1. 匍匐茎

（1）匍匐茎：从短缩茎或叶轴的基部长出长蔓，节间较短，横走地面的称为匍匐茎，其先端长出幼小植株。

（2）走茎：从短缩茎或叶轴的基部长出长蔓，节间较长不贴地面的称为走茎，其先端长出幼小植株。如虎耳草、吊兰，将选段幼小植株体切下栽植即可成为一新植株。

2. 根蘖分株法

有些植物根上可以产生不定芽，不定芽萌发后形成根蘖苗，将根蘖苗与母株分离即可成为新的植株。如海棠、石榴、樱桃、萱草、蜀葵、李，在春秋季节进行。

3. 吸芽

吸芽是一些植物根部或地上茎叶腋间自然产生的短缩、肥厚呈莲座状的短枝。吸芽下部可自然生根，与母株分离而生成新的植株。

4. 珠芽

珠芽是某些植物（百合属的部分植物）在其茎的叶腋处分化的鳞茎状的芽。

5. 变态茎、根分株法

一些植物的地下球茎、块茎、根茎等营养器官上有节、芽。容易产生不定根。将其切块或切段用于繁殖即可形成新的植株。

第二节　园林花卉栽培管理技术

一、土壤准备

要想使栽植的花卉苗壮生长，选择好培养土十分重要。培养土要根据花卉的种类去进行配制。如首先要了解所养的花卉之原产地土壤的特点再去选土，也可用一种相对来说通用的培养土，它是由腐叶土、细砂、园土各一份的比例混匀配成，这种培养土栽培效果比较好，多数花卉使用它后都生长得非常苗壮。

二、间苗

又称疏苗。一般在播种苗子叶发生后进行。幼苗出土后出现密生拥挤时，将过密小苗进行疏拔，以扩大幼苗间的距离，利于通风、光照，促使幼苗健壮生长。

三、移栽

（一）移植操作

移植包括起苗和栽植两个过程。起苗时，用移植铲先在幼苗根系周围将土切分，然后向苗根底部下铲，将幼苗掘起。按苗间株行距栽入新的畦田。种植后应立即浇足水，第二天还需再浇 1 次回头水，种植后 1 周内浇水相对要勤。夏季移植初期要遮阴，以减少蒸发，避免萎蔫。

（二）定植操作

栽植一般称定植，也就是花卉经过几次移植后，不再移植的最后一次栽植叫定植。定植与移植的方法一致

四、灌溉

水质宜用无盐碱的清洁淡水，一般用河水、塘水和湖水，也可用自来水，但自来水需经贮存 24 小时，让水中氯气散发后才能浇水。浇水时水温与气温接近为宜。

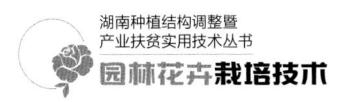
五、施肥

花卉栽培使用的肥料分为有机肥料和无机肥料两大类。有机肥具有肥效长、养分完全的优点，而且还有改良土壤团粒结构的功效，宜作基肥。无机肥料肥效快，宜作追肥。

六、中耕除草

中耕除草主要在 4 月到 9 月进行。易板结的土壤，夏季须每月除草 2次。树穴内应经常锄划松土，保持每月 2 次以上，锄划松土是克服土壤干旱、土壤过湿的有效措施。每次灌水后及大雨过后，均应适时锄划松土。9月上中旬进行全年最后一次除草松土。

七、整形修剪

运用摘心、除芽、剥蕾以及修剪、绑扎等手段，使花卉植株枝叶生长均衡，达到美观、协调、丰满、花繁、色艳、果硕的优美姿形，称为整形。

八、防寒越冬

（一）加强肥水管理

加强肥水管理有助于树体内营养物质的贮藏。春季加强肥水，还可促进新梢生长和叶片增大，提高光合作用的效能，保证树体健壮。秋季控制灌水，及时排涝，适量施用磷钾肥，锄草深耕，可促进枝条及早结束生长，有利于组织充实，延长营养物质的积累时间，从而更好地进行抗寒锻炼。

（二）适时冬灌，保证植物安全越冬和来年萌芽

合理的冬灌既能保证植物地上部分吸收充足的水分，又能保护地下根系抵抗干燥多风的冬季，延长来年开花植物的花期。一般地温高于 5℃时，植物根系吸收水分，低于 5℃时植物根系不能吸水。所以，要在地温低于 5℃前浇 1 次透水。地温低于 0℃，土壤会因含水而结冰，这时也要浇 1 次水以保持根系不被风抽干。当温度更低时，根部冻水可放出潜热，提高温度。所以，冬灌应进行 2 次，时间为 10 月下旬和 11 月上旬。

（三）加强防冻保温措施

1. 根颈培土

冬水灌完后结合封堰，在苗木根颈部培起直径 50~80 厘米、高 30~50 厘米的土堆，可防止低温冻伤根颈和树根，同时也能减少土壤水分的蒸发。

2. 覆土

早春土壤尚未化冻时，苗木根系难以吸收水分，而这时空气干燥、气温回升快、蒸发量大，易造成植物生理干旱而枯梢。针对这一现象，在立冬前后可将苗木整个冬季埋在土中，使苗木及苗床土壤保持一定温度，不受气温急剧变化和其他外界不良因素的影响。同时，又可减少苗木水分的蒸腾和土壤水分的蒸发，保持一定的土壤水分，有利于保持幼苗体内的水分平衡，可以有效地防止冻害和苗木生理干旱而引起的死亡。

第三节　园林花卉常见病虫害及防治技术

一、园林花卉病害

花卉病害有非传染性病害和传染性病害两种。常见的有以下几种。

（一）立枯病

这是一种花卉生产上比较常见的病。病原菌主要浸染植物根颈部和嫩茎接近地面的部分，初期出现褐色病斑，后期表皮坏死，发展严重时整株枯死。

防治措施：首先必须对育苗用土彻底消毒，每平方米用 40% 的福尔马林 50 毫升加水 10 千克浇灌床土，用草帘盖上经一周后播种或栽种。在播前对易染病的花卉种子用种子重量 0.2% 的赛力散拌种，并将畦地灌足底水以保证幼苗出土后三周内不缺水，幼苗出土后可每平方米浇灌 1% 的硫酸亚铁 2~4 千克进行预防。应及早间苗加强通风。对初得病的幼苗可用 50% 的代森铵溶液 300~400 倍的稀释液，每平方米浇灌 2~4 千克灭菌保苗。对易得

15

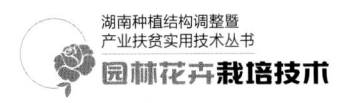

病的花卉在发病期（5~8 月）可每 2 周浇灌 1 次上述的药液，以抑制病菌的发生。

（二）白粉病

这是常见的一种病害，危害植物的叶、嫩梢、花柄等部位甚至全株。发病部位初期呈淡灰色，继而生出一层白粉状或绒毛状物，当它们布满叶片以后使叶内卷、嫩梢弯曲并停止生长。有时也侵染未开放的花蕾，最后造成落叶或使植株死亡。白粉病发生的特点是当气温达到 18℃~30℃，空气相对湿度为 55%~85%，环境比较闷热不通风时最易发生。

防治措施：主要应改善栽培条件，控制温度、湿度，注意通风透光。栽培中应少施氮肥，多施磷钾肥，以增加植株抗性。发病初期要及时摘去染病的叶片和花梗并集中烧掉，或将病株隔离，或喷 0.3 波美度的石硫合剂。发病后喷 5% 代森铵水溶液 1000 倍或 1000 倍托布津。

（三）黑霉病

危害常绿木本花卉。最初叶片出现暗褐色霉斑，以后扩大形成黑色煤烟状霉层，影响花卉的光合作用，使植株生长衰弱并影响美观，严重时造成全株死亡。

防治方法：主要加强通风透光，降低室内湿度，根除危害的介壳虫、蚜虫，杜绝霉菌发生的条件，对发病的植株可喷布等量式波尔多液。

二、园林花卉虫害

（一）介壳虫

危害花卉的介壳虫种类繁多，它们的食性很杂，几乎所有草木本花卉都能危害，造成叶片变黄，甚至枯黄，其排泄物常引起媒烟病。

防治方法：要利用孵化后幼虫活动期，可用 40% 敌敌畏乳油，或 50% 马拉硫磷乳油 1500 倍液喷杀，可间隔几日连续喷布数次，防治效果显著。也可用一根细棍缠上药棉蘸水后一手托住受害植株枝条叶片，小心地把介壳虫擦除。

（二）红蜘蛛

危害花卉的范围非常广泛，以6月、7月、8月危害最严重，利用刺吸口器吮吸植物体汁液，使叶片出现黄白色斑点，使植株生长衰弱、落叶，甚者可致全株枯黄致死。

防治方法：防治必须及时，可用1500倍乐果或800倍敌敌畏乳油喷洒；亦可用25%杀虫脒加水成1000倍液喷雾。同时应当增加湿度和加强通风，减少虫卵滋生。

（三）白粉虱

即通常所说的小白蛾，因为白粉虱成虫会飞，所以给防治工作造成了很大困难。常被危害的花卉有一串红、瓜叶菊、倒挂金钟、天竺葵、扶郎花、一品花、月季、茉莉、扶桑等，若虫及成虫多固定在叶背上，利用刺吸口器吮吸植物汁液，使叶片变黄，严重时可使叶片枯死脱落。

防治方法：用敌敌畏熏蒸或喷洒除治，80%敌敌畏1500倍液每10千克药加洗衣粉（以碱性小的为好）50克，以增药液的黏着力，成虫一旦触药，双翅立即黏着而丧失飞翔能力，从而中毒死亡，但此药对卵、蛹无效，必须每间隔1周喷1次药，连续数次才能取得良好效果。

第四节　园林花卉栽培设施

花卉栽培比一般农作物栽培要求更加精细，而且要求做到反季节生产，四季有花，周年供应，以便满足花卉市场对商品花的要求。因此，进行花卉栽培和生产，光有圃地是远远不够的，还必须具备一定的设施条件。花卉常用的设施有温室、塑料大棚、荫棚、风障和阳畦等。

一、温室

温室是指覆盖透光材料，并附有防寒、加温设备的特殊建筑，能够提供

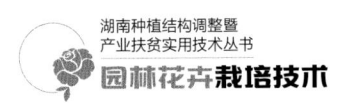

适于植物生长发育的环境条件。温室对环境因子的调控能力比其他栽培设施（如风障、冷床等）更好，是比较完善的保护地类型。温室有许多不同的类型，对环境的调控能力也不同，在花卉栽培中有不同的用途。温室的种类有以下几种。

（一）高温温室

高温温室又称热温室。室内温度保持在18℃~30℃，专供栽培热带种类或冬季促成栽培之用。

（二）中温温室

中温温室又称暖温室。室内温度一般保持在12℃~20℃，专供栽培热带、亚热带种类之用。

（三）低温温室

低温温室又称冷温室。室内温度一般保持在7℃~16℃，专供亚热带、暖温带种类栽培之用。

（四）冷室

冷室室内温度保持在0℃~5℃，供亚热带、温带种类越冬之用。

二、塑料大棚

覆盖塑料薄膜的建筑称为塑料大棚。塑料大棚是花卉栽培及养护的又一主要设施，可用来代替温床、冷床，甚至可以代替低温温室，而其费用仅为建一座温室的1/10左右。塑料薄膜具有良好的透光性，白天可使地温提高3℃左右，夜间气温下降时，又因塑料薄膜具有不透气性，可减少热气的散发，从而起到保温作用。大棚骨架由立柱、拱杆（架）、拉杆（纵梁）、压杆（压膜绳）等部件组成。

棚膜一般采用塑料薄膜，生产中常用的有聚氯乙烯（PVC）、聚乙烯（PE）。目前，乙烯-醋酸乙烯共聚物（EVA）膜和氟质塑料也逐步用于花卉生产设施之中。根据耐久性能可分为以下几种。

（一）固定式塑料大棚

使用固定的骨架结构，在固定的地点安装，可连续使用2~3年。这种大棚多采用钢管结构，有单幢或连幢，拱圆形或屋脊形等多种形式，面积一般 1~10 亩。多用于栽培菊花、香石竹等的切花，或观叶植物与盆栽花卉等。

（二）简易式移动塑料棚

用比较轻便的骨架，如竹片、条材或 6~12 毫米的圆钢，弯曲成半圆形或其他形状，罩上塑料薄膜即成。这种塑料大棚多用于扦插繁殖、花卉的促成栽培、盆花的越冬等。露地草花的防霜防寒，也可就地架设这种塑料棚，用后即可拆除，十分方便。

三、荫棚

（一）荫棚的作用

荫棚是花卉栽培必不可少的设施。它具有避免日光直射、降低温度、增加湿度、减少蒸发等特点。

（二）地点的选择

荫棚应建在地势高燥、通风和排水良好的地段，保证雨季棚内不积水，有时还要在棚的四周开小型排水沟。

（三）类型和规格

荫棚的高度应以本花场内养护的大型阴性盆花的高度为准，一般不应低于 25 米。立柱之间的距离可按棚顶横担料的尺寸来决定，最好不要小于 2 米×3 米，否则花木搬运不便，并会减少棚内的使用面积。一般荫棚都采用东西向延长，荫棚的总长度应根据生产量来计算，每隔 3 米立柱一根，还要加上棚内步道的占地面积。整个荫棚的南北宽度不要超过 8~10 米，太宽则容易窝风；太窄，遮阴效果不佳，而且棚内盆花的摆放也不便安排。如果需将棚顶所盖遮阴材料延垂下来，注意其下缘应距地 60 厘米左右，以利通风。荫棚中，可视其跨度大小沿东西向留 1~2 条通道。

四、风障

风障是用秸秆和草帘等材料做成的防风设施，是我国北方常用的简单保

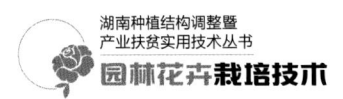

护措施之一，在花卉生产中多与冷床或温床结合使用，可用于耐寒的二年生花卉越冬、一年生花卉提早播种和开花。风障的防风效果极为显著，能使风障前近地表气流比较稳定，一般能削弱风速 10%～50%，风速越大，防风效果越显著。风障的防风范围为风障高度的 8～12 倍。

五、温床和冷床

（一）冷床

冷床是不需要人工加温而只利用太阳辐射维持一定温度，使植物安全越冬或提早栽培繁殖的栽植床。它是介于温床和露地栽培之间的一种保护地类型，又称阳畦。

（二）温床

目前常用的是电热温床。选用耐高温的绝缘材料、耗电少、电阻适中的加热线作为热源，发热 50℃～60℃。在铺设线路前先垫以 10～15 厘米厚的煤渣，再盖以 5 厘米厚的河沙，加热线以 15 厘米间隔平行铺设，最后覆土。可用控温仪来控制温度。

第三章
一二年生花卉

第一节　概述

一、一二年生花卉的定义

一年生花卉是指其生活周期在一个生长季节内完成，经营养生长至开花结实并最终死亡的花卉。一般春季播种，夏秋开花结实，冬前死亡。依其对温度的要求分为耐寒种类、半耐寒种类和不耐寒种类。二年生花卉生活周期经两年或两个生长季节才能完成，即播种后第一年仅形成营养器官，次年开花结实而后死亡。典型的二年生花卉是第一年进行大量的生长，并形成贮藏器官。二年生花卉耐寒力强，但不耐高温。苗期要求短日照，在0℃~10℃低温下通过春化阶段；成长过程则要求长日照，并在长日照下开花。

二、一二年生花卉的特点

一二年生花卉的观赏特点是种类多、季相丰富；观花为主，少数观叶；花色艳丽多彩；花期较短且集中。在园林中主要应用于花坛、花台、花镜、岩石园等，还适于盆栽和切花材料应用。一二年生花卉容易繁殖，通常采用种子繁殖，可以大面积使用，见效快。主要栽培管理要点包含苗期管理间苗、移栽、水分与光照等；生长期管理水肥、摘心、抹芽等；花期管理整形修剪、花后去残等；结实期管理留种、采种、干燥、贮藏等。

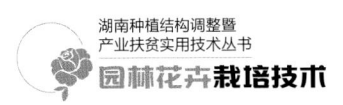

第二节　一二年生花卉

一、一串红

植物名称：一串红（*Salvia splendens* Ker-Gawl.）

别名：爆仗红（炮仗红）、拉尔维亚、象牙红、西洋红

科属：唇形科鼠尾草属

形态特征：茎直立，光滑，四棱形，有浅槽；叶片对生，卵形或三角状卵圆形；总状花序顶生，遍被红色柔毛；小花 2~6 朵，轮生，苞片红色，花萼钟状（图 3-1）；种子为卵形，浅褐色，种子较大。

生态习性：喜欢温暖和阳光充足的环境。不耐寒，耐半阴，忌霜雪和高温，怕积水和碱性土壤。对温度比较敏感。喜温性花卉，阳光充足有利于其生长发育。耐寒性差，生长适温 20℃~25℃。要求疏松、肥沃和排水良好的砂质壤土。

图 3-1

产地与分布：原产于巴西，我国各地广泛栽培。

种类及品种：按照植株高分矮生型（株高 25~30 厘米）、中高生型（株高 30~40 厘米）和高生型（株高 60~75 厘米）。常见栽培种有炎热系列、爆竹系列、篝火等。

（一）繁殖技术

一串红采用播种或扦插法繁殖，播种较多。华北地区播种季节不限，其余地区以春季为宜。一串红花期较迟，春播者 9 月到 10 月开花，如要使花期提前或采收种子，应在 3 月初将种子播于温室或温床。播种床内施以少量基肥，将床面平整并浇透水，水渗后播种，覆一层薄土，播种后 8 月到 10

天种子萌发。生长约 100 天开花，花期约两个月。扦插多用嫩枝，以 3 月到 5 月或 9 月到 10 月较为适宜，结合摘顶芽进行扦插。

（二）栽培管理

栽培中常用摘心来控制花期、株高和增加开花数，使植株矮状、茎叶密集，花序增多。

（三）园林用途

一串红常用作花丛花坛的主体材料，也可植于带状花坛或自然式纯植于林缘。

二、矮牵牛

植物名称：矮牵牛（*Petunia × hybrida* Vilmorin）

别名：碧冬茄、灵芝牡丹、毽子花、矮喇叭、番薯花、撞羽朝颜

科属：茄科碧冬茄属

形态特征：全株被腺毛，株高 20~60 厘米，茎直立或匍匐；叶卵形、全缘，近无柄，互生和对生；花单生叶腋，单瓣者漏斗形，重瓣者半球形；花色有白色、粉色、红色等（图 3-2）；蒴果尖圆形，种子小，黑褐色，含种子 100~500 粒。

图 3-2

生态习性：要求阳光充足，喜温暖，生长适温为 13℃~25℃。较耐热，夏季 35℃仍能够正常生长开花，对温度适应性较强。怕涝，喜疏松肥沃的微酸性土壤。

产地与分布：矮牵牛原产南美阿根廷，我国南北城市公园中普遍栽培观赏。

种类及品种：矮牵牛栽培品种丰富，园艺栽培中常分为大花型和多花型

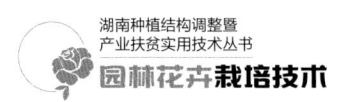

2 组。常见栽培品种有大花单瓣型的彩云系列、大花重瓣型的双瀑布系列、多花单瓣型的佳期系列、多花重瓣型的二重唱系列、垂吊型的波浪系列等。

（一）繁殖技术

矮牵牛具有明显的杂种优势，现主要采用播种繁殖，一些重瓣品种和优异品种可采用扦插和组织培养进行无性繁殖。种子发芽率 60% 左右，发芽适温 20℃~22℃，少覆土或不覆土，轻压即可，10 天左右发芽。栽培生产多用杂种一代种子，防止品种退化。

（二）栽培管理

遵循不干不浇，浇则浇透的原则。夏季生产盆花，小苗生长前期应勤施薄肥，选择氮、钾含量高，磷适当偏低的肥料，氮肥可选择尿素，复合肥则选择氮磷钾比例为 15:15:15 或含氮、钾高的。冬季生产盆花，在 3 月到 4 月勤施复合肥，视生长情况，适当追施氮肥。夏季需摘心 1 次。

矮牵牛常见的病害有：白霉病、叶斑病、病毒病和蚜虫。

（三）园林用途

矮牵牛是优良的花坛和种植钵花卉，也可自然式丛植，还可作为切花。广泛用于花坛布置，花槽配置，景点摆设，窗台点缀，家庭装饰等。

三、三色堇

植物名称：三色堇（*Viola trico L. or var. hortensis* DC.）

别名：三色堇菜、猫儿脸、蝴蝶花、人面花、猫脸花、阳蝶。

科属：堇菜科堇菜属。

形态特征：全株光滑；叶互生，叶片近心形；花色艳丽，通常每花有紫、白、黄三色，花瓣中央有一个深色"眼"（图 3-3）；蒴果椭圆形。花期 3 月到 5 月，果熟期

图 3-3

5 月到 7 月。

生态习性：喜肥沃、排水良好、富含有机质的中性壤土或黏壤土。较耐寒，喜凉爽，喜阳光，忌高温和积水。低于 −5℃叶片受冻边缘变黄。

产地与分布：原产于欧洲。中国各地公园均有栽培供观赏。作为药用植物，在河北省有少量种植。

种类及品种：按花大小可分为小花型、中花型和大花型。主要品种为宾哥系列、三马杜、潘若拉系列、露西宝贝等。

（一）繁殖技术

播种繁殖用较为疏松的人工介质，例如采用床播、箱播或穴盘育苗，避光遮阴，5~7 天陆续出苗。扦插繁殖以 5 月到 6 月为宜，剪取植株基部萌发的枝条，插入泥炭中，插后 15~20 天生根，成活率高。分株繁殖常在花后进行，将带不定根的侧枝或根茎处萌发的带根新枝剪下，可直接盆栽，并放半阴处恢复。

（二）栽培管理

介质选择疏松透气、排水良好、无菌的栽培基质，低光照可适当补光促进芽和根系的生长。温度控制在日温 20℃，在冷凉季节夜温升到 15℃可促进早开花。浇水遵循见干见湿的原则，空气湿度保持在 40%~70%；肥料可施用钙基复合肥。通过摘花、控制温度、调节氮肥施用等可以调控花期。

（三）园林用途

三色堇为优良的花坛材料，在庭院布置上常地栽于花坛上。还适于布置花境、草坪边缘；另外也可盆栽或布置阳台、窗台、台阶，或点缀居室、书房。

四、紫罗兰

植物名称：紫罗兰（*Matthiola incana* R. Br.）

别名：草桂花、四桃克、草紫罗兰

科属：十字花科紫罗兰属

形态特征：二年生或多年生草本，叶片长圆形至倒披针形或匙形；总状花序顶生和腋生，花多数，花瓣紫红、淡红或白色，近卵形（图3-4）。花期4月到5月。

图3-4

生态习性：喜冷凉的气候，忌燥热。但在排水良好、中性偏碱的土壤中生长较好，忌酸性土壤。耐寒不耐阴，怕渍水。

产地与分布：原产于欧洲地中海沿岸。现我国各地均有栽培。

种类及品种：紫罗兰有单瓣和重瓣两种品系，栽培品种有白色的"艾达"、淡黄的"卡门"、红色的"弗朗西丝克"、紫色的"阿贝拉"和淡紫红的"英卡纳"等；依花期不同分为夏紫罗兰、秋紫罗兰及冬紫罗兰等品种。

（一）繁殖技术

紫罗兰的繁殖以播种为主。一般于9月中旬露地播种。播前盆土宜较潮润，播后盖一薄层细土，不再浇水，在半月内若盆土干燥，可将盆半截置于水中，从盆底进水润土。播种后注意遮阴，15天左右即可出苗。幼苗于真叶展开前，可按6厘米×8厘米的株行距分栽苗床，拔苗时须小心勿伤根须，并要带土球。定植前，应在土中施放一些干的猪、鸡粪作基肥。定植后浇足定根水；盆栽后宜移至阴凉透风处，成活后再移至阳光充足处，隔天浇水1次，每隔10天施1次腐熟液肥，见花后立即停止。初霜到来之前，地栽的要带土团掘起，转入向阳畦或上花盆置室内越冬。播种时间一般在8月中旬至10月上旬，播种不宜过密。

（二）栽培管理

紫罗兰播种后经过30~40天，在真叶6~7片时定植。栽植间距，无分枝性系12厘米×12厘米，分枝性系18厘米×18厘米，加温栽培的间距比无加温栽培稍许扩大。栽植时动作轻柔，不要挖断根苗，带根土栽植。10月下旬时，室内栽培要把换气窗、出入口全部打开，以便降温，确保花芽分化。

（三）园林用途

紫罗兰适于盆栽观赏，可作为冬、春两季的切花。

五、万寿菊

植物名称：万寿菊（*Tagetes erecta* L.）

别名：臭芙蓉、万寿灯、蜂窝菊、臭菊花、蝎子菊、金菊花

科属：菊科万寿菊属

形态特征：茎直立；叶对生或互生，叶羽状、裂片披针形，有强臭味；头状花序单生，花色有黄色、橘黄色、橙色、混合色等（图3-5）；瘦果线形。花期7月到9月。

图3-5

生态习性：适宜温度为15℃~25℃。对土壤要求不严，但以肥沃、排水良好的砂质壤土为好。

产地与分布：原产于墨西哥及中美洲。中国各地均有栽培。

种类及品种：万寿菊栽培品种很多，主要栽培品种有印加、皱瓣、安提瓜、发现、大奖章。

（一）繁殖技术

春播在3月下旬至4月上旬在露地苗床播种，播后覆土浇水。种子发芽适温为20℃~25℃，播后1周出苗，待苗长到5厘米高时，进行1次移栽，待苗长出7~8片真叶时，进行定植。控制植株高度可以在夏季播种，夏播

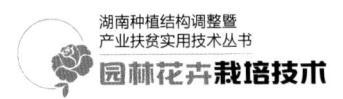
出苗后 60 天可以开花。夏季进行扦插容易发根，成苗快，可从母株剪取 8~12 厘米嫩枝作插穗，去掉下部叶片，插入盆土中，每盆插 3 株，插后浇足水，略加遮阴，2 周后可生根，逐渐移至有阳光处进行日常管理。

（二）栽培管理

万寿菊栽培应选土层深厚、疏松、排水透气好的土壤。耙深 20~25 厘米，使表层土壤绵软细碎，田面平整。每亩苗床施土杂肥 200 千克、菊花专用肥 2 千克。播种移栽后要浅锄保墒，当苗高 25~30 厘米时出现少量分枝，从垄沟取土培于植株基部。每次浇水量不宜过大，保持土壤间干间湿。万寿菊应在温度低、湿度大时采切，有 4~6 片花瓣已松开花蕾时，即可采切。

主要病虫害有黑斑病、白粉病、蚜虫等。

（三）园林用途

常用来点缀花坛、广场，布置花丛、花境和培植花篱。也可作盆栽或切花。

六、百日草

植物名称：百日草（*Zinnia elegans* Jacq.）

别名：百日菊、步步高、火球花、对叶菊、秋罗、步登高。

科属：菊科百日菊属

形态特征：茎直立，被糙毛或长硬毛；叶宽卵圆形或长圆状椭圆形；头状花序单生枝端，花深红色、玫瑰色、紫堇色、白色、黄色或橙色（图 3-6）；雌花瘦果倒卵圆形，管状花瘦果倒卵状楔形。花期 6 月到 10 月，果期 7 月到 10 月。

生态习性：耐干旱，忌连作。宜在肥沃深土层土壤中生长。生长

图 3-6

期适温 15℃~30℃。

产地与分布：原产于墨西哥，中国各地均有栽培。

（一）繁殖技术

种子繁殖时尽量选择上一年饱满的种子。从播种到开花需 75~90 天。播种在 4 月上旬至 6 月下旬均可，种子消毒用 1% 高锰酸钾液浸种 30 分钟，基质可采用高温熏蒸法，土壤可用 0.05% 高锰酸钾等消毒。播前基质湿润后点播，播种后须覆盖一层蛭石。播后浇水，幼苗长出 2 片叶、高 5~8 厘米时移植 1 次。从定植到开花因品种不同需 45~60 天，生长适温为 15℃~30℃，除幼苗需遮光避雨外，均需充足阳光。扦插繁殖不如播种苗整齐，可选择长 10 厘米侧芽进行扦插，一般 5~7 天生根，30~45 天后即可出圃。

（二）栽培管理

百日草生长适温白天 18℃~20℃、夜温 15℃~16℃。可直接采用全日照方式，太阳直射。定植 1 周后开始摘心，留 4 对真叶，并视植株生长及分枝情况决定是否进行再次摘心。开花期间施入磷钾肥，促使花头不断长出，花凋谢后要及时剪除枯花头。盆栽定植时盆底施入 2~3 克复合肥，定植 1 周内应保持盆土湿润，待根系生长至盆底就可开始追肥，每周施肥 2~3 次，还可补充施 1 次钙肥。在最后一次摘心后约 2 周进入生殖阶段，可逐步增加磷钾肥，促使出花多且花色艳丽，并相应减少氮肥的用量，期间应保证充足的淋水量。

（三）园林用途

百日草花大色艳，可按高矮分别用于花坛、花境、花带。也常用于盆栽。

七、石竹

植物名称：石竹（*Dianthus chinensis* L.）

别名：洛阳花、中国石竹、中国沼竹、石竹子花

科属：石竹科石竹属

形态特征：多年生草本；茎由根颈生出，疏丛生，叶片线状披针形；花单生枝端或数花集成聚伞花序，花瓣有紫红色、粉红色、鲜红色或白色（图3-7）；蒴果圆筒形，种子黑色，扁圆形。花期5月到6月，果期7月到9月。

生态习性：其性耐寒、耐干旱，不耐酷暑，栽培时应注意遮阴

图 3-7

降温。喜阳光，要求肥沃、疏松、排水良好及含石灰质的壤土或砂质壤土。

产地与分布：原产于我国北方，现南北普遍生长。

种类及品种：石竹常见品种有美国石竹、锦团石竹、少女石竹、常夏石竹、石竹梅、三寸石竹以及五寸石竹。

（一）繁殖技术

常用播种、扦插和分株繁殖。种子发芽最适温度为21℃～22℃。

（二）栽培管理

石竹宿根性不强，多作1～2年生植物栽培。盆栽石竹要求施足基肥，每盆种2～3株。苗长至15厘米高摘除顶芽，适当摘除腋芽；生长期间宜放置在向阳、通风良好处养护，保持盆土湿润，每隔10天左右施1次腐熟的稀薄液肥；夏季雨水过多，注意排水、松土。石竹易杂交，留种者需隔离栽植。开花前去掉一些叶腋花蕾，保证顶花蕾开花。冬季宜少浇水，如温度保持在5℃～8℃条件下，则冬、春不断开花。

（三）园林用途

园林中可用于花坛、花境、花台或盆栽，也可用于岩石园和草坪边缘点缀，切花观赏亦佳。石竹可吸收二氧化硫和氯气。

八、波斯菊

植物名称：波斯菊（*Cosmos bipinnatus* Cav.）

别名：秋英、大波斯菊、秋樱

科属：菊科秋英属

形态特征：一年生或多年生草本植物，茎无毛或稍被柔毛；叶二次羽状深裂；头状花序单生，花紫红色、黄色、粉红色或白色（图3-8）；瘦果黑紫色。花期6~8月，果期9~10月。

生态习性：喜光，耐贫瘠土壤，忌肥，忌炎热，忌积水，对夏季高温不适应，不耐寒。

产地与分布：原产于美洲墨西哥，在中国栽培甚广，常自生在路旁、田埂、溪岸。

图 3-8

种类及品种：园艺品种分早花型和晚花型两大系统，还有单、重瓣之分。

（一）繁殖技术

种子繁殖可于4月中旬露地床播，如温度适宜，6~7天小苗即可出土。3月下旬到4月上旬，将种子播于露地苗床。地温在较低的15℃时也可发芽，但是如果很早就播种，会长成高度2米的巨株，因台风或植物的重量而容易倒伏。扦插繁殖在5月进行，可选取粗壮的顶枝，剪取8~10厘米长的一段作插条，以3~5株为1丛插于花盆内，盆宜埋在土中，露出地面4~5厘米，进行浇水遮阴，半个月后即生根。生根后每15天施薄肥液1次，长到15厘米时再摘去顶芽，促使多分枝。若肥水控制得当，45天左右便可见花。

（二）栽培管理

对肥水要求不严，在生长期间每隔10天施5倍水的腐熟尿液1次。高

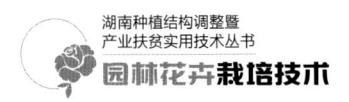

中型品种花前需设支柱，以防风灾倒伏，可以多次摘心。炎热时易发生红蜘蛛危害，宜及早防治。

（三）园林用途

波斯菊适于布置花镜或作花境背景材料，在草地边缘，树丛周围及路旁成片栽植美化绿化。重瓣品种可作切花材料。

九、鸡冠花

植物名称：鸡冠花（*Celosia cristata* L.）

别名：鸡髻花、老来红、芦花鸡冠、笔鸡冠、小头鸡冠、凤尾鸡冠

科属：苋科青葙属

形态特征：茎粗壮；单叶互生；花序扁化呈鸡冠状，有深红、鲜红、橙黄、红黄相嵌等色（图3-9）；胞果卵形，种子肾形。花期6~9月。

生态习性：喜温暖干燥气候，对土壤要求不严。

产地与分布：鸡冠花原产于非洲、美洲热带和印度，现世界各地广为栽培。

图 3-9

种类及品种：鸡冠花的品种因花序形态不同，可分为扫帚鸡冠、面鸡冠、鸳鸯鸡冠、璎珞鸡冠等。依据外形可分为球状花型、羽状花型、矛状花型。

（一）繁殖技术

种子繁殖时选好地块，施足基肥，整平作畦，将种子均匀地撒于畦面，略盖严，踏实浇透水。一般在气温15℃~20℃时，10~15天可出苗。幼苗期一定要除草松土，不太干旱时，尽量少浇水。苗高尺许（约33厘米）要施追肥1次。封垄后适当打去老叶。抽穗后可将下部叶腋间的花芽抹除。

（二）栽培管理

种植在地势高、向阳、肥沃、排水良好的砂质壤土中。生长期浇水不能过多，开花后控制浇水。从苗期开始摘除全部腋芽。等到鸡冠形成后，每隔10天施1次稀薄的复合液肥（2~3次）。

（三）园林用途

鸡冠花的品种多，为夏秋季常用的花坛用花。

十、美女樱

植物名称：美女樱（*Verbena hybrida* Voss）

别名：臭草五色梅、铺地马鞭草、铺地锦、四季绣球、美人樱

科属：马鞭草科马鞭草属

形态特征：全株有细绒毛，茎四棱；叶对生，深绿色；穗状花序顶生，有白色、粉色、红色、复色等，具芳香（图3-10）；花期为5~11月。

生态习性：喜温暖湿润气候，喜阳，不耐干旱，以疏松肥沃、较湿润的中性土壤为佳。

图3-10

产地与分布：原产于巴西、秘鲁、乌拉圭等地，现世界各地广泛栽培，中国各地也均有引种栽培。

种类及品种：美女樱常见的栽培品种有细叶、加拿大、红叶和深裂美女樱。

（一）繁殖技术

美女樱主要用播种和扦插两种方法繁殖。种子发芽率较低，发芽很慢又不整齐，在15℃~17℃的温度下，经2~3周才开始出苗。种子播下后，应放置在阴暗处，不仅要保持土壤湿润，还要保持空气湿润。让水从盆地出水

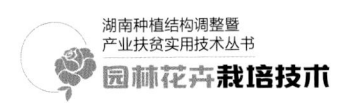

孔侵入，等土壤湿润后取出，否则发芽率更低。播种时间多在春季，一般7月份可开花。扦插可在5~6月进行，气温在15℃左右。先取半木质化的枝杈，剪成5~6厘米长的段子做插条，插于湿沙床中，随后立即遮阴，经2~3天后可略见早晨、傍晚的阳光，以促进生长，大约经2周后可发出新芽、生根。当幼苗长出5~6片真叶时进行移植，长至7~8厘米时定植。

（二）栽培管理

生长期内每半月施1次稀肥，以使发育良好。因美女樱根系较浅，夏季应该注意浇水，防止干旱。养护期水分过多或者过少都不利于生长。抗病虫能力较强，很少有病虫害发生。

（三）园林用途

可用于城市道路绿化带、坡地、花坛布置等。混色种植或单色种植。

十一、小天蓝绣球

植物名称：小天蓝绣球（*Phlox drummondii* Hook.）

别名：福禄花、福乐花、五色梅、福禄考

科属：花葱科天蓝绣球属

形态特征：一年生草本，茎直立；下部叶对生，上部叶互生；圆锥形聚伞花序顶生，花冠淡红、深红、紫、白、淡黄等色（图3-11）；蒴果椭圆形，种子长圆形，褐色。

生态习性：性喜温暖，稍耐寒，忌酷暑。宜排水良好、疏松的壤土，不耐旱，忌涝。

产地与分布：原产于北美南部，现世界各国广为栽培。

图3-11

种类及品种：花色分单色、复色、三色；瓣型分圆瓣种、星瓣种、须瓣种、放射种。此外，还有矮生种、大花种。变种有星花福禄考、圆花福禄考。

（一）繁殖技术

繁殖用根插、芽插或茎插均可，亦可分株繁殖，但分栽的植株生长势不如扦插繁殖的植株旺盛。根插的，选分株时的粗壮断根，切分成 3 厘米长的根段，平放在粗砂内，埋砂约 1 厘米，保持 22℃~25℃，充分浇水后，再用塑料薄膜或玻璃覆盖，一个月左右可长出新芽。芽插的，将老株根颈处萌生的 6~8 厘米长新芽从基部剪下，插于素砂中，置于 25℃温度条件下，2~3 周生根。茎插的，10 月中下旬选用开过花后的充实枝条，每枝剪成 6~8 厘米长的插穗，去除下部叶片，插于露地向阳土畦内；插床土以草炭颗粒最好，插后浇透水，再用塑料薄膜覆盖；严冬季节，夜晚要用草帘覆盖；次年 3~4 月生根出芽，长成新植株。分株繁殖的，在秋季落叶后或早春发芽前后均可进行。有些品种偶可结种子，采后宜秋播，若春播，则种子要用砂藏越冬。发芽的适宜温度为 18℃~24℃，3~4 周发芽。

（二）栽培管理

当苗长到 6~7 厘米高时进行移栽，可移栽营养钵内，当苗长到 10 厘米时，可直接定植在制种棚内，整个制种过程在保护地塑料大棚内进行。定植前施足底肥，株行距按 30 厘米×30 厘米进行栽植，在栽植方式上采用高畦栽植。栽植地 1 亩可植 6000 株，父母本比例为 1:2 较合适。定植后，要注意浇水、施肥、通风、病虫害的防治等管理。

（三）园林用途

福禄考植株矮小，花色丰富，可作花坛、花境及岩石园的植株材料。

十二、彩叶草

植物名称：彩叶草〔*Plectranthus scutellarioides*（L.）R. Br.〕

别名：五彩苏、老来少、五色草、锦紫苏

科属：唇形科鞘蕊花属

形态特征：茎通常紫色；叶膜质，色泽多样，有黄、暗红、紫色及绿色；轮伞花序多花（图3-12）；小坚果宽卵圆形或圆形，压扁，褐色，具光泽。花期7月。

图3-12

生态习性：彩叶草为喜温性植物，适应性强，冬季温度不低于10℃，夏季高温时稍加遮阴，喜充足阳光。

产地与分布：中国各地园圃普遍栽培，作观赏用。

种类及品种：彩叶草品种丰富，主要有大叶型彩叶草、彩叶型彩叶草、皱边型彩叶草、柳叶型彩叶草、黄绿叶型彩叶草等系列。

（一）繁殖技术

彩叶草的繁殖可采取扦插和播种2种方法。

1.扦插

具有节约种子、缩短培育周期、品种特性保持好的特点。扦插时先从成熟植株上剪取10厘米左右嫩枝作为扦插苗。扦插前要向育苗池中浇1遍透水，待池中水分大部分渗下，池土呈泥浆状时，再行扦插。扦插时，将扦插苗根部向下垂直插入2厘米即可。扦插后注意不要晃动扦插苗。

2.播种

彩叶草由播种、生长至商品期需5个月。播种一般采用珍珠岩：泥炭土为3:1的人工基质。在配制人工基质时，可先用75%百菌清可湿性粉剂对基质进行消毒。播种前先在育苗盘中装满基质，然后用喷头将基质淋湿。可在种子中掺细土再进行播种。播种时捏起掺有细土的种子，将种子与细土一起撒放至育苗盘。一般情况下，每个穴孔内撒放2~3粒种子。覆土使用装有细土的筛子向穴盘表面筛土，覆土厚度为1~2厘米，覆土完成后就可将育苗盘放到育苗床上使其发芽。

（二）栽培管理

盆栽彩叶草要求富含腐殖质、疏松肥沃、排水透气性能良好的砂质培养土。要保持盆土及环境湿润适度，忌干旱、防积涝。在光照柔和充足时，叶色艳丽显著，但忌盛夏晴空烈日强光直射。而在荫蔽环境下，叶色不鲜艳。彩叶草性喜气候温暖湿润，空气清新的环境，冬季室内适温20℃~25℃，最低越冬温度不能低于10℃。彩叶草对肥料的要求不高，生长季每月施1~2次以氮肥为主的稀薄肥料，彩叶草幼苗期应多次摘心，以促发侧枝，使之株形饱满。

主要病虫害：彩叶草最易遭受蚜虫为害。

（三）园林用途

彩叶草除可作小型观叶花卉陈设外，还可配置图案花坛，也可作为花篮、花束的配叶使用。

十三、金盏菊

植物名称：金盏菊（*Calendula officinalis* L.）

别名：金盏花、黄金盏、长生菊、醒酒花、常春花、金盏

科属：菊科金盏菊属

形态特征：一年生草本植物，全株被白色绒毛；单叶互生。头状花序单生茎顶，金黄、橘黄色或褐色（图3-13）。花期12月到翌年6月，盛花期3月到6月。瘦果，果熟期5月到7月。

生态习性：喜阳光充足的环境，适应性较强，能耐-9℃低温，怕炎热天气。以疏松、肥沃、微

图3-13

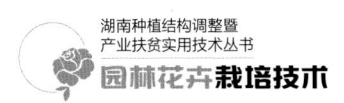

酸性土壤最好。能耐瘠薄干旱土壤及阴凉环境，在阳光充足及肥沃地带生长良好。

产地与分布：金盏菊原产于欧洲西部、地中海沿岸、北非和西亚，现世界各地都有栽培。

种类及品种：有重瓣（实为舌状花多层）、卷瓣和绿心、深紫色花心等栽培品种。

（一）繁殖技术

9月秋播，播后7天左右出苗，苗具3片真叶时可移植。在长沙地区可春播，但春播苗不如秋播苗生长健壮。基质可用中粗河砂，在使用前要用清水冲洗几次。通常结合摘心工作，把摘下来的粗壮、无病虫害的顶梢作为插穗，直接用顶梢扦插。

（二）栽培管理

幼苗3片真叶时移苗1次，待苗5~6片真叶时定植于10~12厘米盆中。定植后7~10天，摘心促使分枝或用0.4%比久溶液喷洒叶面1~2次来控制植株高度。生长期每半月施肥1次。花期一般不留种，留种要选择花大色艳、品种纯正的植株，应在晴天采种。金盏菊的生长期间应保持土壤湿润，每15~30天施10倍水的腐熟尿液1次，施肥至2月底止。在金盏菊长至幼苗后期，叶片4~5个时，实行摘尖（即摘心）能够促使侧枝发育，增加开花数量，在第一茬花谢之后立即抹头，也能促发侧枝再度开花。

（三）园林用途

适用于中心广场、花坛、花带布置，也可作为草坪的镶边花卉或盆栽观赏。金盏菊抗二氧化硫能力很强，对氰化物及硫化氢也有一定抗性。

十四、鼠尾草

植物名称：鼠尾草（*Salvia japonica* Thunb.）

别名：洋苏草、普通鼠尾草、庭院鼠尾草

科属：唇形科鼠尾草属

形态特征：全株密被柔毛，茎直立，四棱形，分枝多。叶对生，卵形。轮伞花序2至多花（图3-14）；小坚果卵状三棱形或长圆状三棱形。花期6~9月。

生态习性：适应性强。喜温暖、光照充足、通风良好的环境。宜排水良好，土质疏松的中性或微碱性土壤。

图 3-14

产地与分布：主要分布于中国四川中部、广东中部。

种类及品种：园林中常用的有蓝花鼠尾草、红花鼠尾草、紫绒鼠尾草等。

（一）繁殖技术

播种繁殖可在春季或初秋播种，直播或育苗移栽即可。直播为每穴3~5粒，株高5~10厘米时疏苗，间距20~30厘米。成株后再次疏剪，增加距离。也可扦插或压条繁殖。

（二）栽培管理

生长期施用稀释速效肥效果较好，低温时不要施用尿素。为使植株根系健壮和枝叶茂盛，在生长期每半月施肥1次，可喷施磷酸二氢钾稀释液，花前增施磷钾肥1次。成株后可再次间苗，增加距离。

主要病虫害：叶斑病、立枯病、猝倒病、蚜虫、粉虱等。

（三）园林用途

可作盆栽、花坛。适用于公园、风景区林缘坡地、草坪布置。

十五、马鞭草

植物名称：马鞭草（*Verbena officinalis* L.）

别名：紫顶龙芽草、野荆芥、龙芽草、凤颈草、蜻蜓草、退血草、燕尾草

科属：马鞭草科马鞭草属

形态特征：茎四方形，近基部可为圆形，节和棱上有硬毛。叶片卵圆形至倒卵形或长圆状披针形。穗状花序，花冠淡紫色至蓝色（图3-15）。果长圆形。花期6~8月，果期7~10月。

图 3-15

生态习性：喜干燥、阳光充足的环境。喜肥，喜湿润，怕涝，不耐干旱。常生长在低至高海拔的路边、山坡、溪边或林旁。

产地与分布：全世界的温带至热带地区均有分布。

种类及品种：柳叶马鞭草，为多年生草本，成片效果似薰衣草。

（一）繁殖技术

播种时间为4月下旬至5月上旬。首先将畦面土耙细，在距畦边5厘米处顺畦开沟，行距25~30厘米，沟深15~2厘米，踩平底格，再施少量生物肥做底肥，每亩用量15~20千克。肥上覆土少许，将种子均匀地撒入，稍加镇压，每亩用种量0.5千克。

（二）栽培管理

在温湿度正常的情况下，播种10~20天出苗，当株高5厘米时间苗，拔下来的小苗可再移栽它地。结合锄草进行松土，并适当进行根际培土。土壤过于干旱时应及时浇水，以保证植株正常生长的需要。多雨季节要注意田间排水，雨后要及时松土，防止表土板结而影响植株的生长。

（三）园林用途

马鞭草花色淡雅，紫色的花朵开在田野里非常漂亮，宜作花境、花海。

十六、蜀葵

植物名称：蜀葵〔*Althaea rosea*（Linn.）Cavan.〕

别名：一丈红、大蜀季、戎葵

科属：锦葵科蜀葵属

形态特征：二年生直立草本，茎枝密被刺毛。叶近圆心形，掌状 5~7 浅裂或波状棱角；花腋生，单生或近簇生，花大，有红、紫、白、粉红、黄和黑紫等色，单瓣或重瓣（图 3-16）；蒴果，种子扁圆，肾脏形。花期 2 月到 8 月。

图 3-16

生态习性：二年生直立草本。蜀葵喜阳光充足，耐半阴，但忌涝。耐盐碱能力强。在疏松肥沃，排水良好，富含有机质的砂质土壤中生长良好。

产地与分布：原产于中国西南地区，在中国分布很广，华东、华中、华北、华南地区均有分布。

（一）繁殖技术

蜀葵通常采用播种法繁殖，也可进行分株和扦插法繁殖。分株繁殖宜在春季进行，扦插法仅用于繁殖某些优良品种，生产中多以播种繁殖为主。

1. 播种

种子约 1 周后发芽，当长出 2~3 片真叶进行 1 次移植。

2. 分株

分株繁殖可在 8~9 月份进行，将老株挖起，分割带须根的茎芽进行更新栽植，栽后马上浇透水，翌年可开花。

3. 扦插

宜选用基部萌蘖的茎条作插穗，砂土作基质，扦插后遮阴至发根。

（二）栽培管理

蜀葵栽培管理较为简易，幼苗长出 2~3 片真叶时，应移植 1 次，加大株行距。移植后应适时浇水，开花前结合中耕除草施追肥 1~2 次，追肥以

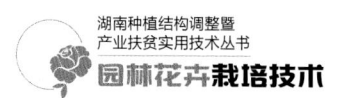

磷、钾肥为好。播种苗经 1 次移栽后，可于 11 月定植。幼苗生长期施 2~3
次液肥，以氮肥为主。当蜀葵叶腋形成花芽后，追施 1 次磷、钾肥。花后及
时将地上部分剪掉，还可萌发新芽。

主要病虫害：蜀葵锈病、白斑病等病害，红蜘蛛、螟等虫害。

（三）园林用途

宜于种植在建筑物旁、假山旁或用于点缀花坛、草坪，成列或成丛种
植。不宜久置室内。也可剪取作切花用。

第四章
宿根花卉

4

第一节　概述

一、宿根花卉的定义

宿根花卉是指多年生草本植物中地下部器官形态未经变态成球状或块状的观赏植物。

二、宿根花卉的分类

宿根花卉根据其耐寒力与休眠习性的不同，可分为落叶宿根花卉和常绿宿根花卉两大类。

落叶宿根花卉，原产于温带的寒冷地区，性耐寒或半耐寒，能够露地越冬。落叶宿根花卉在冬季地上部茎叶全部枯死，地下部进入休眠，到春季气候转暖时，地下部着生的芽或根蘖再萌发生长、开花，如菊花、芍药、鸢尾等。

常绿宿根花卉，主要原产于热带、亚热带及温带的温暖地区，耐寒力弱，在北方寒冷地区不能露地越冬。常绿宿根花卉在冬季温度过低或夏季温度过高时停止生长，保持常绿，呈半休眠状态，如君子兰、红掌、鹤望兰等。

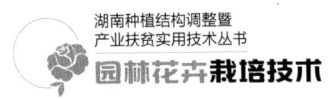

三、宿根花卉的特点

宿根花卉的观赏特点是种类丰富、品种繁多，连年开花、观赏期长，适宜四季、富于野趣。在园林中主要应用于花境、花坛、地被、专类园等，还可当作盆栽和切花材料。宿根花卉多用分株和扦插繁殖，亦可播种。栽培管理要点是栽培时期深耕土壤、施足基肥、预留生长空间；管理时期肥水适当、病虫防治、及时更新。

第二节　宿根花卉

一、美丽月见草

植物名称：美丽月见草（*Oenothera speciosa*）

别名：艳红夜来香、红衣丁香、待霄草、粉晚樱草、粉花月见草

科属：柳叶菜科月见草属

形态特征：株高 1~1.5 米，茎直立，全株具毛。叶互生，两面被白色柔毛。花单生于枝端叶腋，排成疏穗状，黄色，成对簇生于枝上部之叶腋（图 4-1）。蒴果圆筒形。种子小，棕褐色，呈不规则三棱状。花期 6 月到 9 月。

图 4-1

生态习性：多年生草本，适应性很强，对土壤要求不严，但以疏松肥沃、排水良好的中性土壤为宜。性喜温暖，耐旱怕涝，在 10℃~40℃均可生长。自播能力强，常 1 次种植即可。

产地与分布：原产于美洲温带，我国湖北、江西、上海、湖南、广西、浙江、重庆、四川、贵州、云南等省区有分布。

种类及品种：月见草种类较多，全属共有两百多个种类，目前国内分布的除本种外，还有待霄、红萼月下香及拉马克月见草。

（一）繁殖技术

用种子繁殖。北方春季播种，淮河以南各地，秋季或春季播种育苗。播种时土要耙细且平，种子撒在畦面上，盖上一薄层土，种子小，土不能盖厚，否则影响种子萌发生长。播种后土壤要保持湿润。播种后 10~15 天，种子即可萌发出幼苗。

（二）栽培管理

选疏松、排水良好的土地，深翻，晒 15~20 天，而后打碎耙平，做成 1.5 米宽的畦。在深翻前施圈肥或厩肥、饼肥等作基肥。当长成莲座状幼苗时，可间苗定株或移植。株行距为 65 厘米×65 厘米，植株高达 30 厘米时，植株周围培土，以防株高倒伏。移栽或定苗后，追施 1 次粪肥或尿素，初蕾时追第二次肥。花序上有一半成熟时即可采收。

（三）园林用途

可以用于大面积的景观布置，也可以用于花坛布置。

二、鸢尾

植物名称：鸢尾（*Iris tectorum* Maxim.）

别名：蓝蝴蝶、紫蝴蝶、扁竹花

科属：鸢尾科鸢尾属

形态特征：多年生草本。根状茎粗壮。叶基生，花蓝紫色，花梗甚短（图 4-2）。蒴果，种子黑褐色，梨形。花期 4~5 月，果期 6~8 月。

图 4-2

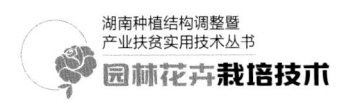

生态习性：喜阳光充足，气候凉爽，耐寒力强，亦耐半阴环境。

产地与分布：产于山西、安徽、江苏、浙江、福建、湖北、湖南、江西、广西、陕西、甘肃、青海、四川、贵州、云南、西藏等省区。

种类及品种：主要有白花鸢尾（ *Iris tectorum* f. *alba* Makino.）、黄花鸢尾（ *Iris wilsonii* C. H. Wright）、蝴蝶花（ *Iris japonica* Thunb.）、德国鸢尾（ *Iris germanica* L.）、银苞鸢尾（ *Iris pallida* ）等品种。

（一）繁殖技术

多采用分株和播种法。春季花后或秋季进行分株均可，一般种植 2~4 年后分栽 1 次。分割根茎时，注意每块应具有 2~3 个不定芽。种子成熟后应立即播种，实生苗需要 2~3 年才能开花。

（二）栽培管理

鸢尾可以温室栽培，露地也可种植。户外种植配合临时覆盖物或使用活动房屋，特别是春秋两季。

1. 温度

土壤温度是最重要的因素，最低温为 5℃~8℃，最高温为 20℃。土温的高低直接影响到出苗率。土温过低会造成开花能力降低，故最适土温控制在 16℃~18℃。

2. 种植密度

种植密度依不同品种、球茎大小、种植期、种植地点的不同而不同。为使种植间距合适，通常采用每平方米有 64 个网格的种植网。

3. 施肥

一般来说，种植前施基肥的方法并不可取，这会提高土壤中盐分的浓度，而延缓鸢尾的根系生长。种植前对土壤抽样调查以确保土壤含有正确的营养成分。鸢尾对氟元素敏感，因此，含氟的肥料（磷肥）和三磷酸盐肥料禁止使用。

4. 主要的病害

有种球腐烂病、冠腐病、灰霉病、丝核菌病、根腐病、软腐病、根线虫病等。

（三）园林用途

是庭园中的重要花卉之一，也是优美的盆花、切花和花坛用花。

三、玉簪

植物名称：玉簪〔*Hosta plantaginea*（Lam.）Asch.〕

别名：白萼、白鹤仙

科属：百合科玉簪属

形态特征：多年生宿根草本花
卉。根状茎粗厚，叶卵状心形、卵
形或卵圆形，先端近渐尖，基部心
形，具 6~10 对侧脉（图 4-3），花
葶高 40~80 厘米，具几朵至十几朵
花；花的外苞片卵形或披针形，内
苞片很小；花单生或 2~3 朵簇生，
白色，具芳香。蒴果圆柱状，有三
棱。花果期 8 月到 10 月。

图 4-3

生态习性：典型的阴性植物，喜阴湿环境，受强光照射则叶片变黄，喜
肥沃、湿润的砂壤土，性极耐寒，中国大部分地区均能在露地越冬。

产地与分布：玉簪原产于中国及日本，现分布于中国四川、湖北、湖
南、江苏、安徽、浙江、福建及广东等地。欧美各国也多有栽培。

种类及品种：主要有"甜心"玉簪（*Hosta 'so sweet'*）、"金杯"玉簪
（*Hosta 'Brim Cup'*）、"希望"玉簪（*Hosta 'Great Expectations'*）、"钻石"
玉簪（*Hosta 'Diavnond'*）等品种。

（一）繁殖技术

分株：玉簪栽植 1 年后，一般萌发 3~4 个芽即可进行分株繁殖。分株
后另行栽植，一般当年即可开花。玉簪的母株，隔 2~3 年一定要进行分株，

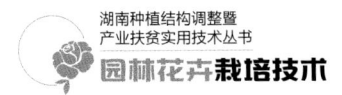

否则生长不茂盛。

播种：可在 9 月于室内盆播，在 20℃ 条件下约 30 天可发芽出苗，春季将小苗移栽露地，培养 2~3 年可开花。

（二）栽培管理

玉簪适合生长在富含腐殖质、疏松、通透性好的砂质土中。盆栽玉簪时，可用草炭、珍珠岩、陶粒按 2：2：1 的比例混合作为培养土；也可将草炭、蛭石按 1：1 的比例混合作为培养土；或者将园田土、腐叶土、草炭土、细河砂适当调配作为培养土。夏季高温时节要避免阳光直射。冬季，玉簪生长较慢，对肥水要求不多。春季，对肥水要求很大，可 1 周左右施肥 1 次。

主要病虫害：斑点病、炭疽病、白绢病。

（三）园林用途

玉簪在现代庭院中多配植于林下草地、岩石园或建筑物背面。也可三两成丛点缀于花境中，还可以盆栽布置于室内及廊下。

四、八仙花

植物名称：八仙花（*Hydrangea macrophylla*）

别名：绣球花、紫阳花

科属：虎耳草科八仙花属

形态特征：落叶灌木，叶大而稍厚，对生，倒卵形，叶柄粗壮。花大型，顶生伞房花序。花色多变，初时白色，渐转蓝色或粉红色（图 4-4）。蒴果长陀螺状。花期 6 月到 8 月。

生态习性：八仙花喜温暖、湿润和半阴环境。不甚耐寒。生长适温为 18℃~28℃，冬季温度不低于

图 4-4

5℃。温度 20℃可促进开花，见花后维持 16℃，能延长观花期。浇水不宜过多。平时栽培要避开烈日照射。土壤以疏松、肥沃和排水良好的砂质壤土为好。对二氧化硫抗性较强。

产地与分布：八仙花原产于我国长江流域的四川、湖北、江西、浙江等省。日本及朝鲜也有分布。

种类及品种：主要有蓝边八仙花（var. *coerulea*）、大八仙花（var. *hortensis*）、齿瓣八仙花（var. *macrosepala*）、银边八仙花（var. *maculata*）、紫茎八仙花（var. *mandshurrica*）、紫阳花（cv. *Taksa*）、玫瑰八仙花（var. *rosea*）等品种。

（一）繁殖技术

常用分株、压条和扦插繁殖。分株繁殖宜在早春萌芽前进行。将已生根的枝条与母株分离，直接盆栽，浇水不宜过多，在半阴处养护，待萌发新芽后再转入正常养护。

压条繁殖在芽萌动时进行，30 天后可生根，翌年春季与母株切断，带土移植，当年可开花。扦插繁殖在梅雨季节进行。剪取顶端嫩枝，长 20 厘米左右，摘去下部叶片，扦插适温为 13℃~18℃，插后 15 天左右生根。

（二）栽培管理

1. 春季

盆栽的应修剪枯枝及翻盆换土，待换盆后可施一两次以氮肥为主的稀薄液肥，能促枝叶萌发。

2. 夏秋季

应放置半阴处或帘棚下，防止烈日直晒，避免叶片泛黄焦灼。花前花后各施一两次追肥，以促使叶绿花繁。花谢之后应及时修去花梗，保持姿态美观。土壤常保湿润，但要防止雨后积水，以免烂根。

3. 冬季

入冬后，露地栽培的植株要壅土保暖，使之安全越冬；盆栽的可置于朝南向阳、无寒风吹袭的暖和处。冬季虽枯叶脱落，但根枝仍成活，翌春又有

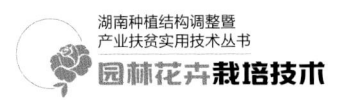

新叶萌发。

4. 修剪

秋后剪去新梢顶部，使枝条停止生长，以利越冬。

5. 主要病虫害

萎蔫病、白粉病和叶斑病。

（三）园林用途

园林中可配置于稀疏的树荫下及林荫道旁，片植于荫向山坡。栽植于庭院中，建筑物入口处，还可植为花篱、花境。亦可作切花。

五、薄荷

植物名称：薄荷（*Mentha haplocalyx* Briq.）

别名：水薄荷、苏薄荷、蕃荷叶、鱼香草、菝荷、人丹草、升阳草、夜息花、番荷菜

科属：唇形科薄荷属

形态特征：多年生草本。株高30~60厘米，具节，直立或匍匐地面。茎方形，密生白色绒毛。叶对生，叶片长圆披针形、披针形或椭圆形（图4-5），花冠淡紫色。小坚果卵珠形，黄褐色，具小腺窝。花期7月到9月，果期10月。

生态习性：薄荷对温度适应能力较强，其根茎宿存越冬，能耐 -15℃低温。其生长最适宜温度

图 4-5

为25℃~30℃。气温低于15℃时生长缓慢。薄荷为长日照作物，性喜阳光。薄荷对土壤的要求不十分严格，除过砂、过黏、酸碱度过重以及低洼排水不良的土壤外，一般土壤均能种植，以砂质壤土、冲积土为好。

产地与分布：薄荷广泛分布于北半球的温带地区，中国各地均有栽培，其中江苏、安徽为传统产区。亚洲热带地区、俄罗斯远东地区、朝鲜、日本及北美洲均有分布。

种类及品种：园林中常用种有普利薄荷（*Mentha pulegium* L.），具发达的匍匐茎，春夏开粉色小花，外观平整光滑，四季常绿。还有胡椒薄荷（*Mentha pipertia* L.）。

（一）繁殖技术

常用根茎、分株、扦插繁殖。

1. 根茎

于 4 月下旬或 8 月下旬进行。在田间选择生长健壮、无病虫害的植株作母株，按株行距 20 厘米×10 厘米种植。在初冬收割地上茎叶后，根茎留在原地作为种株。

2. 分株

在薄荷幼苗高 15 厘米左右时，利用间苗间出的幼苗分株移栽。

3. 扦插

在 5 月到 6 月份进行，将地上茎枝切成 10 厘米长的插条，在整好的苗床上，按行株距 7 厘米×3 厘米进行扦插育苗，待生根、发芽后移植到大田培育。

（二）栽培管理

1. 选地整地

对土壤要求不严，除了过酸和过碱的土壤外都能栽培。砂土，光照不足、干旱易积水的土地不宜栽种。种过薄荷的土地，要轮作 3 年左右才能再种。整地时施腐熟的堆肥、土杂肥和过磷酸钙、骨粉等作基肥，每亩 2500~3000 千克。

2. 中耕除草

全苗后，进行中耕除草，以保墒、增温、消灭杂草、促苗生长。封行前中耕除草 2~3 次。收割前拔净田间杂草，以防其他杂草的气味影响薄荷油

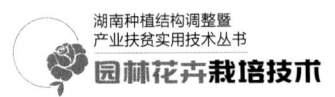
的质量。

3. 适时追肥

在苗高 10~15 厘米时开沟追肥，每亩施尿素 10 千克，封行后可喷施叶面肥。

4. 科学浇水

薄荷前中期需水较多，特别是生长初期，根系尚未形成，一般 15 天左右浇 1 次水，从出苗到收割要浇 4~5 次水。封行后应适量轻浇，以免茎叶疯长发生倒伏，造成下部叶片脱落，降低产量。收割前 20~25 天停止浇水。

5. 主要病虫害

有黑胫病、薄荷锈病、斑枯病。薄荷主要害虫是造桥虫。

（三）园林用途

优良的庭院地栽或盆栽植物，宜作花境、花丛配置材料；生长势强，能迅速发出清凉的香味。

六、迷迭香

植物名称：迷迭香（*Rosmarinus officinalis* L.）

别名：万年老、海洋之露

科属：唇形科迷迭香属

形态特征：多年生常绿亚灌木。幼枝呈四棱形，密被白色星状细绒毛。老枝呈圆柱形，褐色。叶线形、对生、革质、全缘，在枝上丛生；叶背呈深绿色、平滑，腹面银白色，具细小绒毛，有鳞腺（图 4-6）。花着生于顶部叶腋间，总状花序。花冠唇形，花色主要为蓝色、紫色、白色和粉红色。小坚果，卵状近球形，褐色。花期 9 月到 11 月。

图 4-6

生态习性：适应性强，耐旱、耐瘠薄。性喜温暖，忌高温高湿环境，喜良好通风条件。对土壤要求不严，但在排水良好的富含砂质或疏松石灰质土壤上生长良好；轻度碱地上种植生长缓慢，严重时全株发黄干枯死亡；不耐涝，雨水过多的月份苗发黄落叶；耐寒性较差，北方寒冷地区冬季应覆土护根。喜欢日照充足，也能在半阴的环境中生长。

产地与分布：原产于欧洲及北非地中海沿岸。现主要在中国南方大部分地区与山东地区栽种。

种类及品种：按照株型分为直立型（株高 60~120 厘米，最高可达 160 厘米）和匍匐型（株高 30~60 厘米）两种。

（一）繁殖技术

1. 播种

一般于早春温室内进行育苗。土法育苗、穴盘育苗均可。土法育苗需先整理好苗床；苗床可平畦或小高畦，床土应整碎耙平，施足发酵底肥，浇足底水。撒播或条播均可。种子发芽适温为 15℃~20℃。2~3 周发芽。当苗长到 10 厘米左右，大约 70 天，即可定植。穴盘育苗的，将草炭、蛭石按 3∶1 的比例混匀作培养土，即可播种。上覆一薄层蛭石，浇 1 次透水。上搭小拱棚，其后管理同土法育苗。

2. 扦插

多在冬季至早春进行，选取新鲜健康尚未完全木质化的茎，剪成 10~15 厘米的插条，去除枝条下方约 1/3 的叶子，直接插在介质中，介质保持湿润，3~4 周即会生根，7 周后可定植到露地，扦插最低夜温为 13℃。

3. 压条

把植株接近地面的枝条压弯覆土，留顶部于空气中，待长出新根，从母体剪下，形成新的个体，定植到露地。

（二）栽培管理

迷迭香的大田移栽苗是扦插枝生根成活的母苗。移栽株行距为 40 厘米 ×40 厘米，每亩种植数量 4000~4300 株。施少量底肥。移栽后要浇足定根水。栽植迷迭香最好选择阴天、雨天和早晚阳光不强的时候。栽后 5 天视土壤干湿情况浇第二次水。待苗成活后，可减少浇水。迷迭香幼苗期根据土壤条件不同在中耕除草后施少量复合肥，施肥后要将肥料用土壤覆盖，每次收割后追施 1 次速效肥，以氮、磷肥为主，一般每亩施尿素 15 千克，普通过磷酸钙 25 千克。迷迭香种植成活后 3 个月就可修剪，每次修剪时不要超过枝条长度的一半。直立的品种在种植后开始生长时要剪去顶端，侧芽萌发后再剪 2~3 次，这样植株才会低矮整齐。

主要病虫害：根腐病、灰霉病等。

(三) 园林用途

可作为常绿材料，用于花坛和绿地片植、丛植、孤植或作为配材、镶边，亦可用作小绿篱或花篱。

七、麦冬

植物名称：麦冬〔*Ophiopogon japonicus*（Linn. f.）Ker-Gawl.〕

别名：麦门冬、沿阶草、杭麦冬、川麦冬、寸冬、小麦门冬

科属：百合科沿阶草属

形态特征：根较粗，中间或近末端常膨大成椭圆形或纺锤形的小块根。茎很短，叶基生成丛，禾叶状，边缘具细锯齿（图 4-7）。总状花序，具几朵至十几朵花；花单生或成对着生于苞片腋内；苞片披针形，先端渐尖；花被片常稍下垂而不展开，披针形，白色或淡紫色；种子球形。花期5 月到 8 月，果期 8 月到 9 月。

图 4-7

生态习性：多年生常绿草本植物。麦冬喜温暖湿润，降雨充沛的气候条件，5℃~30℃能正常生长，最适生长气温 15℃~25℃，低于 0℃或高于

35℃生长停止。麦冬对土壤要求较严，宜于土质疏松、肥沃湿润、排水良好的微碱性砂质壤土，种植土壤质地过重影响须根的发生与生长，块根生长不好，砂性过重，土壤保水保肥力弱，植株生长差，产量低。

产地与分布：麦冬原产于中国，中国广东、广西、福建、台湾、浙江、江苏、江西、湖南、湖北、四川、云南、贵州、安徽、河南、陕西（南部）和河北（北京以南）等地均有栽培。日本、越南、印度也有分布。

（一）繁殖方法

多采用分株繁殖。于4月到5月收获麦冬时，挖出叶色深绿、生长健壮、无病虫害的植株，抖掉泥土，剪下块根做商品。然后切去根茎下部的茎节，留0.5厘米长的茎基，以断面呈白色、叶片不散开为好，根茎不宜留得太长，敲松基部，分成单株，用稻草捆成小把，剪去叶尖，以减少水分蒸发，立即栽种。

（二）栽培管理

1. 栽种

栽前须深翻土壤，结合整地每亩施入腐熟肥或厩肥1000千克、过磷酸钙50千克。栽种前再浅耕1次，整平耙细，四周开好排水沟。

结合收获麦冬随收随种。选晴天傍晚或阴天栽种，在整好的畦面上，按行距15~20厘米横向开沟，深5厘米左右，按株距8~10厘米栽苗3株。不能栽得过深或过浅。栽后覆土、压紧，使根部与土壤密接，使苗株直立稳固。栽后立即浇1次定根水，以利早发新根。

2. 管护

麦冬栽后约15天返青，发现死苗及时拔除，选阴天或傍晚补种。栽后15天须松土除草1次，以后选晴天每隔1个月或半个月除草1次，促进幼苗早分蘖，多发根。10月以后，宜浅松土，勿伤须根。麦冬植株矮小，应做到田间无杂草，避免草荒。

麦冬喜肥，合理追肥氮、磷、钾是麦冬增产的关键。一般每年追肥3次，第一次在7月追施，每亩施人畜粪水2500千克、腐熟饼肥50千克；第

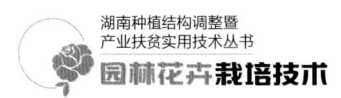

二次在 8 月上旬追施，每亩追施人畜粪水 3000 千克、腐熟饼肥 80 千克、灶灰 150 千克；第三次在 11 月上旬，每亩追施人畜粪水 3000 千克、饼肥 50 千克、过磷酸钙 50 千克，以促进块根生长肥大。

麦冬生长期需水量较大，立夏后气温上升，蒸发量增大，应及时灌水。冬春若遇干旱天气，立春前灌水 1~2 次，以促进块根生长发育。

麦冬喜阴湿环境，种植时可实行间作。夏、秋季以间作玉米为好，可减少强烈日光的直射，有利于麦冬生长。

3. 主要病虫害

黑斑病。麦冬主要虫害是根结线虫。

（三）园林用途

园林绿化方面应用前景广阔。银边麦冬、金边阔叶麦冬、黑麦冬等具极佳的观赏价值，既可以用来进行室外绿化，又是不可多得的室内盆栽观赏佳品。

八、吉祥草

植物名称：吉祥草〔*Reineckia carnea*（Andr.）Kunth〕

别名：紫衣草

科属：百合科吉祥草属

形态特征：株高约 20 厘米，地下根茎匍匐，节处生根。叶绿，丛生，叶呈带状披针形，尾端渐尖，花葶抽于叶丛，花芳香，粉红色，果鲜红色，球形。

生态习性：多年生常绿草本植物。性喜温暖、湿润的环境，较耐寒耐阴，对土壤的要求不高，适应性强，以排水良好的肥沃壤土为宜。多生于阴湿山坡、山谷或密林下。

图 4-8

产地与分布：产于我国西南、华南、华中及江苏、浙江、安徽、陕西等地。日本也有分布。

（一）繁殖技术

吉祥草繁殖多采用分株法。一般在早春 3 月到 4 月，将大丛株切割成 3~4 块小株，分开栽培即可。

（二）栽培管理

栽培管理粗放。一般在 3 月萌发前进行，盆栽时，每丛 3~5 株，可用腐叶土 2 份、园土和砂土各 1 份配置盆土。吉祥草长势强壮，在全日照和浓荫处均可生长，以半阴和湿润处为佳。光照过强时叶子不绿泛黄，太阴则生长细弱不易开花。土壤过干或空气干燥时，叶尖容易焦枯，所以平时要注意保持土壤湿润，空气干燥时要注意喷水，夏季要避免强光直射。待新叶发出后每月施 1 次粪肥。

主要病虫害：炭疽病。

（三）园林用途

吉祥草根须发达，覆盖地面迅速，适合作地被栽培。也可盆栽或水养栽培观赏。

九、菊花

植物名称：菊花〔*Dendranthema morifolium*（Ramat.）Tzvel.〕

别名：黄花、秋菊、寿客、金英、鞠等

科属：菊科菊属

形态特征：菊花为多年生宿根草本，茎基部半木质化，被柔毛。叶互生，有短柄，叶片卵形至披针形。头状花序单生或数个聚生于茎枝顶端，花序边缘为雌性舌状花，花色有黄、白、紫、粉、紫红、雪青、棕色、浅绿、复色、间色等，花色极为丰富（图 4-9）。种子褐色，细小。花期 9 月到 11 月。

生态习性：菊花为短日照植物。喜阳光，忌荫庇，较耐旱，怕涝。喜冷凉气候，较耐寒，严冬季节根茎能在地下越冬。花能经受微霜，但幼苗生

图 4-9

长和分枝孕蕾期需较高的气温。最适生长温度为 20℃左右。菊花对土壤要求不严，但以土层深厚、富含腐殖质、排水良好、中性偏酸的砂质壤土为好。菊花对多种真菌病害敏感，应避免连作。

产地与分布：菊花原产于我国，世界各地广为栽培。

（一）繁殖技术

菊花可以采用扦插、分株、嫁接、压条、播种等方法繁殖。通常以扦插繁殖为主。

1. 扦插

包括芽插、嫩枝插、叶芽插等。芽插一般在秋季或初冬选取丰满的芽头，剪去下部叶片，插于温室或大棚内的花盆或插床粗砂中，保持 7℃~8℃的室温，春暖后栽于室外。嫩枝插多于 4 月到 5 月扦插，截取嫩技 8~10 厘米作为插条，插后加强管理，在 18℃~20℃的温度下，多数品种 3 周左右生根，约 4 周即可移栽。

2. 分株

一般在清明前后，把植株掘出，依根的自然形态带根分开，另行栽植。

3. 嫁接

可用黄蒿或青蒿作砧木进行嫁接，秋末采蒿种，冬季在温室播种，或 3 月在温床育苗，4 月下旬苗高 3~4 厘米时移于盆中或田间，在晴天进行劈接。

4.压条

仅在繁殖芽变部分时才用此法。

5.播种

菊花种子在10℃以上缓慢发芽，适温25℃。2月到4月稀播，在正常情况下当年多可开花。

（二）栽培管理

菊花春季浇水宜少；夏季天气炎热，蒸发量大，浇水要充足，可在清晨浇1次，傍晚再补浇1次，并要用喷水壶向菊花枝叶及周围地面喷水，以增加环境湿度；立秋前要适当控水、控肥，以防植株徒长。立秋后开花前，要加大浇水量并开始施肥，肥水逐渐加浓；冬季花枝基本停止生长，植株水分消耗量明显减少，蒸发量也小，须严格控制浇水。阴雨天要及时排涝，防治积水。菊花定值时宜施足基肥，以后看苗追施氮肥，立秋后自菊花孕蕾到现蕾期间，可每周施1次稍浓一些的肥水；含苞待放时，再施1次浓肥水，然后暂停施肥。注意摘心和疏蕾，摘心能使植株发生分枝，有效控制植株高度和株型。最后一次摘心时，要对植株进行定型修剪，去掉过多枝、过旺及过弱枝，保留3~5个枝即可。

常见病害有叶斑病、枯萎病、白粉病、立枯病。常见虫害有蚜虫、菊天牛、潜叶蛾、菜蛾等，次要害虫有红蜘蛛、尺蠖、蛴螬、蜗牛等。

（三）园林用途

菊花为园林应用中的重要花卉之一，广泛用于花坛、地被、盆花和切花等。

十、非洲菊

植物名称：非洲菊（*Gerbera jamesonii* Bolus）

别名：扶郎花、太阳花、灯盏花、猩猩菊、波斯花、千日菊、日头花

科属：菊科大丁草属

形态特征：非洲菊为多年生宿根草本植物，根状茎短，为残存的叶柄所

围裹，具较粗的须根。叶基生，莲座状，叶片长椭圆形至长圆形，上面无毛，下面被短柔毛，老时脱毛。花葶单生，少数丛生，头状花序单生于花葶之顶，外层花冠舌状，舌片淡红色至紫红色，或白色及黄色，长圆形（图4-10）。瘦果圆柱形，密被白色短柔毛。花期11月至翌年4月。

图4-10

生态习性：非洲菊性喜冬季温暖、夏季凉凉、空气流通、阳光充足的环境，稍耐寒，忌炎热。要求疏松肥沃、排水良好、富含腐殖质且土层深厚、微酸性的砂质壤土，忌黏重土壤，在碱性土壤中，叶片易产生缺铁症状。对日照长度不敏感，生长适温为20℃~25℃，低于10℃停止生长，不耐0℃以下低温，冬季若能维持12℃~15℃，夏季不超过30℃，则可终年开花，在华南可露地栽培，华东、华中、西南地区可覆盖保护越冬，华北需要在温室中越冬。

产地与分布：原产于非洲，我国华南、华东、华中等地区均有栽培。

种类及品种：非洲菊的品种可分为三个类别，即窄花瓣型、宽花瓣型和重瓣型。常见的有玛林，黄花重瓣；黛尔非，白花宽瓣；海力斯，朱红花宽瓣；卡门，深玫红花宽瓣；吉蒂，玫红花瓣、黑心。

（一）繁殖技术

非洲菊一般采用播种、分株和组培方法繁殖。

1. 播种

一般在春季或秋季进行，非洲菊种子发芽率较低，一般为50%左右，发芽适温为20℃~25℃，约2周内发芽。苗有三四片真叶时移栽。

2. 分株

一般在4~5月或9~10月进行，通常每3年分株1次，每丛带4~5片叶，但分株苗生长势较弱、规格不一致、繁殖速度较慢，规模化生产中已较少应用。

3.组培

多用于切花生产，一般取未显色的花蕾，消毒后剥离花托作外植体。

（二）栽培管理

非洲菊喜阳光充足的环境，在生长过程中最适宜的日照长度是11~13小时，但定植后小苗最好用遮阳网遮光7~10天，待苗成活后再逐渐增加光照；非洲菊最适宜生长温度为15℃~25℃，最高不要高于30℃，最低不低于13℃，温度高会影响正常的花芽分化，温度低会造成植株死亡。非洲菊对水分比较敏感，浇水时间在早晨为好，入夜时要使植株相对干燥，水分不宜过干和过湿，一般5天左右浇1次水，花期浇水最好采用滴灌，切记从叶丛中浇水，以免湿度过大产生病害。非洲菊为喜肥宿根花卉，肥料需求量大，栽植前应施足基肥，一般每亩施腐熟厩肥2000千克，过磷酸钙65千克，复合肥50千克。根据植株长势追肥可用氮、磷、钾复合肥，一般每10天左右追施1次。花期一般每6天左右追施1次。非洲菊基生叶丛下部叶片易枯黄衰老，应及时清除，既有利于新叶与新花芽的萌生，又有利于通风，增强植株长势。另外，如果植株枝叶过于繁茂以致相互遮盖不透风，可适当摘除一部分叶子。

非洲菊的病害主要有斑点病、白粉病、灰霉病、病毒病等。主要虫害有螨虫、潜叶蝇、线虫、蚜虫、粉虱等。

（三）园林用途

非洲菊是中药的切花种类，亦可盆栽观赏，或庭院造景，布置花坛、花径等。

十一、萱草

植物名称：萱草（*Hemerocallis fulva* L.）

别名：鹿葱、川草花、忘郁、丹棘、忘忧草等

科属：百合科萱草属

形态特征：多年生宿根草本花卉，根近肉质，中下部有纺锤状膨大；根状茎粗短，花葶长于叶，高90～110厘米；叶基生成丛，条状披针形；圆锥花序顶生，着花 6～12朵，橘红至橘黄色，阔漏斗形，边沿稍为波状，盛开时裂片反卷，无香味（图 4-11）。花期 6～8 月。

生态习性：萱草类适应性强，喜光照，也耐阴、耐旱、耐瘠薄，

图 4-11

对土壤要求不严，但以排水良好并富含腐殖质的湿润土壤为宜，耐寒，华北可露地越冬。

产地与分布：分布于中欧至东亚，我国各地广泛栽培。

种类及品种：

（1）黄花萱草（*H. flava*），又名金针菜，叶片深绿色带状，拱形弯曲。花 6～9 朵，顶生疏散圆锥花序，花淡柠檬黄色，浅漏斗形，花葶高约 125厘米。可食用。

（2）黄花菜（*H. citrina*），又名黄花，叶片较宽，深绿色。花序上着花多达 30 朵左右，花序下苞片呈狭三角形，花淡柠檬黄色，傍晚开花，次日午后凋谢，花蕾可食用。

（3）大苞萱草（*H. Middendor*），叶长低于花葶，花序着花 2～4 朵，黄色、有芳香，花梗极短，花朵紧密，具大型三角形苞片。

（4）小黄花菜（*H. minor*），高 30～60 厘米。叶绿色。着花 2～6 朵，黄色，外有褐晕，有香气，傍晚开花。花蕾可食用。

（5）大花萱草（*H. hybrida*），又名多倍体萱草，为园艺杂交种，花葶高 80～100 厘米，叶基生，披针形。圆锥花序着花 6～10 朵，花大，无芳香，花色有红、紫、粉、黄、乳黄及复色。

（一）繁殖技术

繁殖方法以分株繁殖为主，育种时用播种繁殖。

分株：于叶枯萎后或早春萌发前进行，将根株掘起剪去枯根及过多的须根，用快刀将根切成几块，每块上留3~5个芽，每块分穴定值，分株苗当年即可开花。

播种：秋季采种后即播入土中，翌春出苗，春播前可用20℃~25℃的温水将种子浸泡8~12小时，以促进发芽和提高发芽率。播种苗2~3年后开花。

（二）栽培管理

萱草多用穴植。栽前施足基肥，一般用腐熟的厩肥，栽植后浇透水，以后结合中耕除草进行浇水施肥，自第二年起，每年中耕除草和追肥3次，第一次在3月出苗时，第二次在6月开花前，第三次在10月倒苗后。秋后去除地上茎叶，随即培土，适时更新复壮老蔸。

萱草常见的病害有叶斑病、叶枯病、锈病、炭疽病和茎枯病等。虫害主要有红蜘蛛、蚜虫、蓟马、潜叶蝇等。

（三）园林用途

园林中多丛植或用于花坛、花径、路旁栽植，亦是很好的地被材料，也可用作切花。

十二、天门冬

植物名称：天门冬（*Asparagus sprengeri* Regel.）

别名：天冬草、非洲天门冬、满冬、武竹

科属：百合科天门冬属

形态特征：常绿宿根草本或亚灌木。具块根，茎丛生，蔓性下垂，多分枝，叶状枝扁线性，簇生。叶鳞片状，褐色，基部刺状（图4-12）。总

图4-12

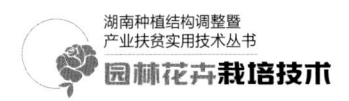

状花序，花白色，有香气，1~3朵簇生。浆果球形，成熟时为鲜红色，花期6月到8月，果期8月到10月。

生态习性：适应性强，喜温暖湿润的气候和环境，忌高温，不耐严寒，怕涝，喜阴，怕强光，忌烈日暴晒，天门冬块根发达，入土可深达50厘米，适宜在土层深厚、疏松肥沃、湿润且排水良好的砂质壤土或腐殖质丰富的土中生长。

产地与分布：原产于南非，我国各地均有栽培。

种类及品种：主要有矮天门冬（var. compactus）、斑叶天门冬（var. variegatus）、狐尾天门冬（A. Densiflorus cv. Myers）、松叶天门冬（A. Myriocladus）等品种。

（一）繁殖技术

天门冬可用播种及分株繁殖。播种繁殖在种子12月份成熟时，采下种子将果肉洗净，进行播种，覆土0.5厘米，温度保持在15℃以上，30天左右即可发芽，当苗高3厘米时，即可移栽，一般每3株1丛进行栽植。分株时先剪去枝条，将植株掘出，切成数块，每块为一新植株，栽入土中，浇透水，并适当遮阴。

（二）栽培管理

栽植前深翻土地，施足基肥，深沟高畦。夏季适当加大荫庇度。栽植前需施足基肥，多次追肥，生长季节每半个月施1次腐熟粪肥。夏季每天浇1次透水。入秋后至初冬，进行适当疏枝，以增加透光度。

天门冬的病害主要有灰霉病、叶枯病、根腐病等。主要虫害有红蜘蛛、蚜虫等。

（三）园林用途

天门冬常盆栽作会场摆设用，亦可作为切花装饰的配叶材料。

十三、梭鱼草

植物名称：梭鱼草（Pontederia cordata L.）

别名：北美梭鱼草海寿花

科属：雨久花科、梭鱼草属

形态特征：多年生挺水或湿生草本植物，根茎为须状不定根，长15~30厘米，具多数根毛。地下茎粗壮，黄褐色，有芽眼，地茎叶丛生，株高80~150厘米。叶柄绿色，圆筒形，叶片较大，深绿色，叶形多变，大部分为倒卵状披针形。花葶直立，通常高出叶面。穗状花序顶生，小花密集，蓝紫色带黄斑点

图 4-13

（图4-13）。果实初期呈绿色，成熟后呈褐色；果皮坚硬，种子椭圆形。花果期5月到10月。

生态习性：梭鱼草喜温、喜光照、喜肥、喜湿、怕风、不耐寒，静水及水流缓慢的水域中均可生长，适宜在20厘米以下的浅水中生长，适温15℃~30℃，越冬温度不宜低于5℃，梭鱼草生长迅速，繁殖能力强。

产地与分布：原产于美洲，中国华北地区、东北地区、华东地区、华南地区、西北地区、华中地区、西南地区等均有分布。

（一）繁殖技术

梭鱼草可用分株及播种繁殖。

1. 分株

可在春夏两季进行，主要是将梭鱼草的地下茎挖出，去掉老根茎，切成具3~4芽小块分栽。

2. 播种

梭鱼草种子繁殖一般在春季进行，种子发芽温度需保持在25℃左右。

（二）栽培管理

生长过程需满足充足的光照，保持温度在18℃~35℃，如果温度在18℃以下生长会减缓，10℃以下会停止生长。梭鱼草不耐寒，冬季温度低的

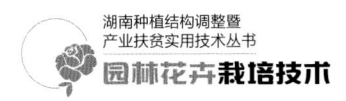

时候需要进行防寒，盆栽可于室内越冬。生长过程中需保证水肥供应充足，一般20厘米以下的浅水比较适宜。盆栽时灌满盆，保持一定的水层。

梭鱼草病虫害比较少。

（三）园林用途

梭鱼草可用于家庭盆栽、池栽，也可广泛用于园林美化，栽植于河道两侧、池塘四周、人工湿地等。

十四、千屈菜

植物名称：千屈菜（*Lythrum salicaria* L.）

别名：水枝柳、水柳、对叶莲

科属：千屈菜科千屈菜属

形态特征：多年生草本植物。根茎横卧于地下，粗壮，木质化。茎直立，四棱形，多分枝，高30~100厘米，全株青绿色。叶对生或三叶轮生，披针形或阔披针形，有时基部略抱茎，叶全缘，无柄。长总状花序顶生，数朵花簇生于叶状苞腋内，花梗及花序柄均短，花两性，花萼长筒状，紫色（图4-14）。蒴果扁圆形。花期6~9月。

图4-14

生态习性：千屈菜性喜温暖及光照，尤喜水湿，喜欢生长于沼泽地、水旁湿地或河边、水沟边，在浅水中生长最佳，耐寒性强，在我国南北各地均可露地越冬，无须防寒。对土壤要求不严，以土层深厚、含有大量腐殖质的土壤生长最佳。

产地与分布：产于中国大部分地区，主产区为四川、陕西、河南、山西及河北等地。分布于亚洲、欧洲、非洲的阿尔及利亚、北美和澳大利亚东南部。

种类及品种：主要有帚状千屈菜、紫花千屈菜、大花桃红千屈菜、毛叶千屈菜等品种。

（一）繁殖技术

千屈菜可用播种、分株和扦插繁殖。

1. 播种

可在 4 月到 5 月进行，选择背风向阳处做畦，播种后用薄膜覆盖，一般 20~30 天即可发芽。室内盆播可在 3 月到 4 月进行，室内温度保持 15℃~20℃，一般 20 天左右即可发芽。

2. 分株

可在 4 月进行，将老株挖起，抖掉部分泥土，用快刀或锋利的铁锹切成若干丛，每丛有芽 4~7 个，另行栽植。

3. 扦插

可在春夏两季进行，剪取嫩枝长 6~7 厘米，仅保留顶端 2 节叶片。将插穗的 1/3~1/2 插入湿沙中，用薄膜覆盖，待生根长叶后移栽。

（二）栽培管理

1. 土壤

千屈菜对土壤要求不严，但以在土层深厚、含有大量腐殖质的土壤生长最佳。

2. 光温

千屈菜喜欢温暖及阳光充足的环境，耐寒性极强。

3. 水肥

春、夏季各施 1 次氮肥或复合肥，秋后追施 1 次堆肥或厩肥，经常保持土壤潮湿。

4. 修剪

剪除部分过密过弱枝，及时剪除开败的花穗，促进新花穗萌发。

5. 主要虫害

千屈菜在过于密植通风不畅时会有红蜘蛛危害。

（三）园林用途

千屈菜适于水边丛植或水池栽培，作花境背景材料，也可作盆栽观赏和切花。

十五、再力花

植物名称：再力花（*Thalia dealbata* Fraser）

别名：水竹芋、水莲蕉、塔利亚

科属：竹芋科再力花属

形态特征：多年生草本挺水植物，植株高100~250厘米。具块状根茎，根系发达，根茎上密布不定根。叶基生，4~6片，叶柄较长，下部鞘状，基部略膨大，叶柄顶端和基部红褐色或淡黄褐色，叶片卵状披针形至长椭圆形，浅灰绿色，边缘紫色，叶全缘。复穗状花序，生于由叶鞘内抽出

图 4-15

的总花梗顶端，小花紫红色，花冠筒短柱状，淡紫色，唇瓣兜形，上部暗紫色，下部淡紫色（图4-15）。蒴果近圆球形或倒卵状球形，成熟种子棕褐色。花期4月到10月。

生态习性：再力花主要生长于河流、水田、池塘、湖泊、沼泽以及滨海滩涂等水湿低地，对土壤适应性较强，能耐瘠薄。适生于缓流和静水水域。喜温暖水湿、阳光充足的环境，不耐寒冷和干旱，耐半阴，在微碱性的土壤中生长良好。最适生长温度为20℃~30℃，低于20℃生长缓慢，10℃以下则几乎停止生长，能短暂忍耐 -5℃低温。0℃以下地上部分逐渐枯死，以根状茎在泥里越冬。

产地与分布：原产于美国南部和墨西哥。是新引入我国的一种价值极高

的观赏性挺水花卉。主要种植城市有海口、三亚、琼海、高雄、台南、深圳、湛江、中山、珠海、澳门、香港、南宁、钦州、北海、茂名、景洪等。

（一）繁殖技术

可采用分株和播种繁殖。

1. 分株

在初春从母株上割下带 1~2 个芽的根茎，栽入盆内，施足底肥，放进水池养护，待长出新株，移植于池中生长。

2. 播种

种子成熟后即采即播，一般以春播为主，播后保持湿润，发芽温度 16℃~21℃，约 15 天后发芽。

（二）栽培管理

在分株移栽后的 1 周左右，特别是带叶栽植的应作适当的遮光处理，尤其是在夏季。最适生长温度为 20℃~30℃，低于 20℃生长缓慢，10℃以下则几乎停止生长，能短暂忍耐 -5℃低温。0℃以下地上部分逐渐枯死，以根状茎在泥里越冬。再力花生长季节吸收和消耗营养物质多，应注意追肥，追肥以三元复合肥为主，也可追施有机肥。

再力花植株被蜡质，一般病虫害很少发生。

（三）园林用途

再力花株型美观，花期长，是水景绿化中的上品花卉。除供观赏外，再力花还有净化水质的作用；也可作盆栽观赏或种植于庭院水体景观中。

十六、醉鱼草

植物名称：醉鱼草（*Buddleja lindleyana* Fortune）

别名：闭鱼花、痒见消、鱼尾草、樚木、五霸蔷、铁帚尾等

科属：马钱科醉鱼草属

形态特征：灌木，高 1~3 米。茎皮褐色，小枝具四棱，棱上略有窄翅。叶对生，萌芽枝条上的叶为互生或近轮生，叶片膜质，卵形、椭圆形至长圆

状披针形，顶端渐尖，基部宽楔形
至圆形，边缘全缘或具有波状齿，
上面深绿色，幼时被星状短柔毛，
后变无毛，下面灰黄绿色。穗状聚
伞花序顶生，苞片线形，小苞片线
状披针形，花紫色，芳香，花萼钟
状（图 4-16）。果序穗状，蒴果长
圆状或椭圆状，种子淡褐色，小，
无翅。花期 4 月到 10 月，果期 8
月至翌年 4 月。

图 4-16

生态习性：喜光照及温暖气候，不耐水湿，喜欢生长于干燥、排水好的
地方。植株萌发力强，耐修剪，耐寒、耐旱、耐贫瘠及粗放管理。

产地与分布：原产于我国江苏、安徽、浙江等省。马来西亚、日本、美
洲及非洲均有栽培。

种类及品种：主要有大叶醉鱼草（*B.davidii*）、互叶醉鱼草（*B.
alternifolia*）、白花醉鱼草（*B.asiatica*）、园叶醉鱼草（*B.globosa*）等品种。

（一）繁殖技术

可用播种、扦插或分株繁殖。

1. 播种

适宜高床撒播，注意保湿、搭棚遮阴，待苗高 10 厘米左右分栽。

2. 扦插

可在春季进行，用休眠枝作插条，也可用五六月生长季节的嫩枝扦插。
插床内的基质用高锰酸钾或多菌灵消毒，扦插后注意保湿。

3. 分株

可结合移栽进行，容易成活。

（二）栽培管理

醉鱼草的适应性强，生长期管理粗放，耐干旱能力强，一般每年灌水

2~4次即可生长开花。在定植前施足腐熟的基肥即可，极少追肥。可根据需要每年春季进行轻剪。花后及时修剪残花枝，可促进营养生长。

醉鱼草的病虫害很少，偶有黑斑病发生。

（三）园林用途

可用于布置花坛，宜在花径、山石旁丛植或作稀疏林下的地被植物，也可作盆栽室内观赏。也可用于坡地、墙隅绿化美化，可装点山石、庭院、道路、花坛，也可作切花用。

5

第五章
球根花卉

第一节　概述

一、球根花卉的定义

球根花卉是指在地下部分的根或茎发生变态，肥大呈球状或块状的多年生花卉。

二、球根花卉的分类

依地下变态器官的结构划分，球根花卉可分为鳞茎类（如郁金香、水仙、朱顶红等）、球茎类（如唐菖蒲、小苍兰、球根鸢尾等）、块茎类（如马蹄莲、晚香玉等）、块根类（如大丽花、花毛茛、蛇鞭菊、红花酢浆草等）、根茎类（如美人蕉、铃兰、六出花、姜花等）五大类。

依适宜的栽植时间划分，可分为春植球根花卉，从春暖开始生长，夏季生长繁盛，开花、结实，秋季霜冻时停止生长，冬季休眠，此时，球根需掘起保护越冬（如唐菖蒲、大丽花、美人蕉等）；秋植球根花卉，秋季地下开始生长，严冬到来则暂停生长，进入休眠状态。待春季气温升高，又迅速生长，并开花结果，入夏后气温过高，生长渐慢，逐渐进入休眠（如郁金香、风信子、水仙等）。

三、球根花卉的特点

球根花卉是各种花卉应用形式的优良材料，尤其是可作为花坛、花丛、花群、缀花草坪的优秀材料；还可用于混合花境、种植钵、花台、花带等多种形式。也有许多种类是重要的切花、盆花生产花卉。球根花卉主要采用分球繁殖。其栽培要点包含整地—施肥—种植球根—常规管理—采收—贮存。

第二节　球根花卉

一、石蒜

植物名称：石蒜〔*Lycoris radiata*（L'Her.）Herb.〕

别名：龙爪花、蟑螂花、老鸦蒜、红花石蒜、一支箭

科属：石蒜科石蒜属

形态特征：鳞茎近球形。秋季出叶，叶狭带状，花茎高约 30 厘米；总苞片 2 枚，披针形；花鲜红色（图 5-1）；花被裂片狭倒披针形。花期 8 月到 9 月，果期 10 月。

生态习性：石蒜野生于山林及河岸坡地，喜温和阴湿环境，适应性强，具一定耐寒力，地下鳞茎可露地越冬，也耐高温多湿和干旱。

图 5-1

不择土壤，但以土层深厚、排水良好并富含腐殖质的壤土或砂质壤土为宜。

产地与分布：分布于中国多地，日本也有。现在华东、华南及西南地区多有野生。

种类及品种：白花石蒜（*Lycoris radiate* var. *alba*）球根植物，花白色

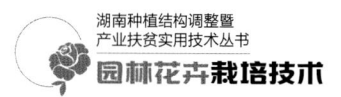

（与原变种唯一差别）。

（一）繁殖技术

石蒜以分球繁殖为主，多数种可结实，也可进行播种。春、秋两季用鳞茎繁殖，暖地多秋栽，寒地春栽，挖起鳞茎分栽即可，最好在叶枯后花葶未抽出之前分球，亦可于秋末花后未抽叶前进行。将鳞茎顶部埋入土面为宜，过深则翌年不能开花。一般每隔3~4年掘起分栽1次。

（二）栽培管理

种植：春秋季均可栽种。一般温暖地区多行秋植，北方寒冷地区常作春植，栽植深度以鳞茎顶部略盖入土表为宜。栽培地要求地势高且排水良好。覆土时，球的顶部要露出土面。每年施肥2~4次，可使用有机肥或复合肥。采花之后继续供水供肥，但要减施氮肥，增施磷、钾肥，使鳞茎健壮充实。秋后应停肥、停水，使其逐步休眠。

主要病虫害：细菌性软腐病、斜纹夜盗蛾、石蒜夜蛾、蓟马、蛴螬。

（三）园林用途

石蒜是东亚常见的园林观赏植物，冬赏其叶，秋赏其花。园林中常用作背阴处绿化或林下地被花卉，花境丛植或山石间自然式栽植。

二、球根鸢尾

植物名称：球根鸢尾（*Iris Dutch*）

科属：鸢尾科鸢尾属

形态特征：球根鸢尾为多年生草本，鳞茎长卵圆形，外被褐色皮膜。叶片线形，被灰白色粉，表面中部具深纵沟。茎粗壮，花葶直立，花紫色（图5-2）、淡紫色或黄色。花锤瓣圆形，中央有黄斑，

图5-2

基部细缢，爪部甚长，旗瓣长椭圆形，与垂瓣等长。

生态习性：球根鸢尾性强健，耐寒性与耐寒性俱强。喜排水良好、适度湿润、呈微酸性的砂质壤土，好凉爽，忌炎热，若土壤过湿，容易使鳞茎腐烂。

种类及品种：英国鸢尾（*I. xiphioides*）原产于比利时牛斯山山脉的潮湿草原地带，球根卵形，花深蓝绿色，中央有黄色斑纹，花苞长7.5厘米，花期5月到7月。

西班牙鸢尾（*I. xiphium*）：原产于法国南部、葡萄牙、西班牙、北非等地。球根卵形、外有皮膜；叶有纵沟，粉绿色；花紫色或黄色。花期5月到6月。

荷兰鸢尾（*I. hollandica*）：花大而美丽，花色丰富，近几年发展较快，已成为普遍栽培的品种。

产地与分布：原产于西班牙及摩洛哥。全世界约300种，分布于北温带；我国主要分布于西南、西北及东北，常见栽培的品种为德国鸢尾。

（一）繁殖技术

繁殖主要是分株繁殖。常于春秋两季或花后进行分株、分球等。分割根茎时应使每块至少有1个芽，最好有2~3个芽。也可用播种繁殖，在种子成熟后即行播种，在第二年春发芽，实生苗在2~3年后开花。现可用球根中心分离出的生长点组织、侧芽、鳞片、花茎等不同器官进行组织培养，加速繁殖。

（二）栽培管理

球根鸢尾喜砂质土壤，但也可用其他疏松肥沃土壤栽培，要求排水良好。球根鸢尾对盐类敏感。对氟敏感，不要连作，少施或不施过磷酸钙。过浅易使植株矮小，易倒伏，过深产生发芽迟，花芽不整齐。适宜温度为土温15℃，适温5℃~20℃，低温则会使开花延迟，花茎变短，生长适温为17℃~20℃。土壤应保持充足的水分。球根鸢尾生长健壮，管理可略粗放，在施足基肥后，视生长情况适当追肥即可。

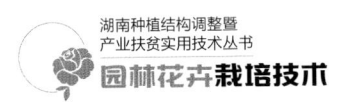

主要病虫害：立枯病、根腐病、花叶病、根腐线虫、蟋蟀、另外，鸢尾在生长过程中还易发生蚜虫、红壁虱等虫害。

（三）园林用途

球根鸢尾是从国外引进的新球根类花卉。其花色丰富，花大而花型奇特，花枝长，主要用于切花，也可用于布置庭院。

三、韭兰

植物名称：韭兰（*Zephyranthes grandiflora*）

别名：韭莲、风雨花

科属：石蒜科葱莲属

形态特征：鳞茎卵球形。基生叶常数枚簇生，线形，扁平。花单生于花茎顶端，下有佛焰苞状总苞，总苞片常带淡紫红色；花玫瑰红色或粉红色（图5-3）。蒴果近球形；种子黑色。花期夏秋季。

生态习性：多年生草本。生性强健，耐旱抗高温，栽培容易，栽培土质以肥沃的砂质壤土为佳。韭兰喜光，但也耐半阴。喜温暖环

图5-3

境，但也较耐寒。土层深厚、地势平坦、排水良好的壤土或砂壤土。喜湿润，怕水淹。适应性强，抗病虫能力强，球茎萌发力也强，易繁殖。

产地与分布：产自墨西哥南部至危地马拉；昆明、绥江、屏边、富宁、鹤庆等地普遍栽培，中国南北各地庭园都引种栽培，贵州、广西、云南常见。

（一）繁殖技术

可用分株法或鳞茎栽植，全年均能进行，但以春季最佳。将球根掘起，每处植3~5个球，浇水保持适当的湿度，极易成活。掘取球根时，注意勿

使球根受伤。若球根已萌发花蕾，分枝后充分浇水，仍能开花。

韭兰的种子一般在9月到10月成熟。由于其花期较长，因此，种子采集时间也不集中。注意观察在果皮由绿色变为黑色时选择饱满充实的种子及时采收。果实采集后，应及时晾晒，待果皮开裂后，及时脱粒。由于韭兰耐寒性稍差，应采用春季播种。由于韭兰的种子比较小，含水量低，待充分干燥后，应立即将处理好的种子装入牛皮纸袋内保存，以防霉烂。

（二）栽培管理

栽培土质以肥沃的砂质壤土为佳。栽植后注意灌水保持湿度。栽培地点要日照充足，荫庇处不易分生子球，也不容易开花。肥料可使用有机肥料如油粕、堆肥或氮、磷、钾肥料，每2~3个月施用1次，按比例增加磷、钾肥，能促进球根肥大，开花良好。植株丛生而显拥挤时，必须强制分株。生性强健，耐旱抗高温，栽培容易，生育适温为22℃~30℃。

主要病虫害：叶锈病、斑点病、蛴螬。

（三）园林用途

韭兰可以作为花坛、花径或者草地的镶边材料。适合庭园花坛边缘栽或盆栽。具有一定的绿化效果。可以作为盆栽种植在室内。

四、葱莲

植物名称：葱莲（*Zephyranthes candida* Herb.）

别名：玉帘、葱兰

科属：石蒜科葱莲属

形态特征：鳞茎卵形，具有明显的颈部。叶狭线形，肥厚，亮绿色。花茎中空；花单生于花茎顶端，下有带褐红色的佛焰苞状总苞；花白色，外面常带淡红色（图5-4）；

图5-4

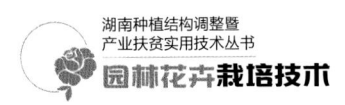

花柱细长。蒴果近球形；种子黑色，扁平。

生态习性：多年生草本植物。葱莲喜肥沃土壤，喜阳光充足，耐半阴与低湿，喜肥沃、带有黏性而排水好的土壤。较耐寒，在长江流域可保持常绿。

产地与分布：葱莲原产于南美，分布于温暖地区，中国华中、华东、华南、西南等地均有引种栽培。

种类及品种：红花葱兰（Z. grandiflora）又名韭莲、红花菖蒲莲。原产于中南美洲墨西哥、古巴、危地马拉湿润林地。落叶种，半耐寒，长江流域可露地越冬。

（一）繁殖技术

1. 分株

分株繁殖在早春土壤解冻后进行。用刀剖开成两株或两株以上，分出来的每一株都要带有较多的根系。把分割下来的小株在百菌清中浸泡五分钟后取出晾干后插入苗床。在分株后的3~4周要节制浇水，以免烂根，为了维持叶片的水分平衡，每天需要给叶面喷雾1~3次（温度高多喷，温度低少喷或不喷）。这段时间也不要浇肥。分株后，还要注意太阳光过强，最好是放在遮阴棚内养护。

2. 播种

花后20天左右种子成熟，要及时采收。播种最适宜温度为15℃~20℃。常在9月中下旬以后进行秋播。把种子放在基质的表面上，覆盖基质1厘米厚。然后把播种的花盆放入水中。水的深度为花盆高度的1/2~2/3，让水慢慢地浸上来。播后覆盖基质，覆盖厚度为种粒的2~3倍。播后可用喷雾器淋湿。当盆土略干时再淋水，仍要注意浇水的力度不能太大，以免把种子冲出。

（二）栽培管理

葱莲喜欢温暖气候，夏季高温、闷热（35℃以上，空气相对湿度在80%以上）的环境不利于它的生长；对冬季温度要求很严，当环境温度在10℃

以下停止生长，霜冻出现时不能安全越冬。

葱莲性喜阳光充足，但也能耐半阴，要求温暖而温润的环境，喜富含腐殖质和排水良好的砂质壤土。地栽时要施足基肥，生长期间应保持土壤湿润，每年追施2~3次稀薄饼肥水即可生长良好，开花繁茂。生长期间浇水要充足，宜经常保持盆土湿润，但不能积水。干旱时还要经常向叶面上喷水，以增加空气湿度，否则叶尖易黄枯。生长旺盛季节，每隔半个月需追施1次稀薄液肥。

主要病虫害：葱兰夜蛾

（三）园林用途

葱莲株型低矮、清秀，开花繁多，花期长，应用广泛，尤适在林下、花境道路隔离带或坡地半阴处作地被植物，丛植成缀花草地则效果更佳。

五、百合

植物名称：百合（*Lilium brownii* var. *viridulum* Baker）

别名：强瞿、番韭、山丹、倒仙

科属：百合科百合属

形态特征：多年生草本。鳞茎球形，淡白色，茎直立，圆柱形，常有紫色斑点，无毛，绿色。花大、多白色、漏斗形，单生于茎顶（图5-5）。蒴果长卵圆形，具钝棱。种子卵形，扁平。花期6月到7月，果期7月到10月

生态习性：喜凉爽，较耐寒。喜干燥，怕水涝。对土壤要求不

图 5-5

严，喜土层深厚、肥沃疏松的砂质壤土，黏重的土壤不宜栽培。鳞茎色泽洁白、肉质较厚。根系粗壮发达，耐肥。

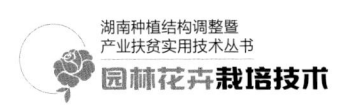
产地与分布：主产于湖南、四川、河南、江苏、浙江，全国各地均有种植，少部分为野生资源。

种类及品种：

卷丹百合（*Lilium lancifolium*），又名卷丹、天盖百合、倒垂莲、虎皮百合、珍珠花、黄百合。因花色橙红，花瓣反卷，故名卷丹百合。

麝香百合（*Lilium longifforum* Thunb.），又名铁炮百合、复活节百合，是花卉百合的代表品种，花朵纯白，筒状，横向开放。原产于我国台湾。

（一）繁殖技术

百合的繁殖方法很多，有播种繁殖、茎生子球繁殖、株芽繁殖、叶插繁殖及鳞片扦插繁殖等。

1. 珠芽繁殖

将地上茎叶腋处形成的小鳞茎取下来培养。在植株开花后，如果将地上茎浅埋茎节于湿沙中，则叶腋间均可长出小珠芽。

2. 播种

秋季采收种子，春播。幼苗期要适当遮阳。入秋时，地下部分已形成小鳞茎，即可挖出分栽。

3. 鳞片扦插

此法可用于中等数量的繁殖。秋天挖出鳞茎，将鳞片掰下，稍阴干，扦插于基质中，保持基质一定湿度。冬季温度宜保持18℃左右，不要过湿。培养到次年春季，鳞片即可长出小鳞茎，将它们分上来，栽入盆中。

（二）栽培技术

宜选半阴环境或疏林下，要求土层深厚、疏松而排水良好的微酸性土壤，最好深翻后施入大量腐熟堆肥、腐叶土、粗砂等，以利土壤疏松和通气。栽植时期多数以花后40~60天为宜，即8月中下旬到9月。秋季开花种类可较迟栽植。百合栽植宜深。栽好后，入冬时用马粪及枯枝落叶进行覆盖。

生长季节不需要特殊管理，可在春季萌芽后及旺盛生长、天气干旱时，灌溉数次，追施2~3次稀薄液肥；花期增施1~2次磷、钾肥。平时只宜除草，不适中耕以免损伤茎根。不宜每年挖起，可隔 3~4 年分栽 1 次。百合无皮鳞茎，易干燥，因此采收后即行分栽，若不能及时栽植，应用微潮的沙予以假植，并置阴凉处。

主要的病虫害：鳞茎腐烂病、百合疫病、立枯病、叶枯病、斑叶病。夜盗虫、灯蛾、卷叶虫、蝙蝠蛾等。

（三）园林用途

宜用作切花、盆花，或用作园林布景，也很适合用于布置成专类花园，亦可作花坛中心及花镜背景。

六、大丽花

植物名称：大丽花（*Dahlia pinnata* Cav.）

别名：大理花、天竺牡丹、东洋菊、大丽菊、细粉莲、地瓜花

科属：菊科大丽花属

形态特征：多年生草本，有巨大棒状块根。茎直立，多分枝，头状花序大（图5-6），有长花序梗，瘦果长圆形，黑色，扁平。花期6月到12月，果期9月到10月。

生态习性：大丽花既不耐寒又畏暑热，喜干燥凉爽、阳光充足、通风良好的环境，且每年需一段低温时期进行休眠。土壤以富含腐质和排水良好的砂质壤土为宜。

图 5-6

产地与分布：原产于墨西哥，是全世界栽培最广的观赏植物，20 世纪初引入中国，现在多个省区均有栽培。

（一）繁殖技术

一般以扦插和分株繁殖为主，亦可进行嫁接和播种繁殖。

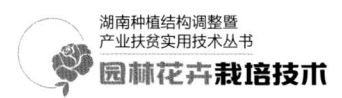

1. 扦插

一年四季皆可进行，但以早春扦插最好。2月到3月，将根丛在温室内囤苗催芽，剥取扦插。扦插用土以砂质壤土加少量腐叶土或泥炭土为宜，保持室温白天20℃~22℃，夜间15℃~18℃，2周后生根，便可分栽。

2. 分株

春季3月到4月，取出贮藏的块根，将块根及附着生于根颈上的芽一齐切割下来，另行栽植。分割块根上必须有带芽的根颈。若根颈上发芽点不明显或不易辨认时，可于早春提前催芽，待出芽后再分，每个分株至少具有1个芽。

3. 播种

大丽花夏季因湿热而结实不良，种子多采自秋后成熟。以排水良好、盐碱轻的土壤为宜。播种前育苗盘用清水洗净。待水渗后播种。温床播种在3月中下旬，花坛品种于4月下旬露地播种，大粒种子播后用湿润细土覆盖。播后撑盖薄膜，留出缝隙以便通风，有利于提高土壤温度，减少水分，保持土壤湿度，减少土壤板结。大丽花种子发芽需要适当遮阴，出苗整齐后逐渐撤去薄膜，并把幼苗移到阳光充足处。注意适时浇水，保持土壤湿度。

（二）栽培管理

宜选通风向阳和干燥地，充分翻耕，施入适量基肥后做成高畦以利排水。栽植时期因地而异，华南地区2月到3月种植，华中地区4月中下旬种植，而华北地区则于5月间种植，栽时即可埋设支柱，避免以后插入误伤块根。株距依品种而定，生长期间应注意整枝修剪及摘蕾工作。整枝方式依栽培目的及品种特性而定。基本上有两种，不摘心单干培养法、摘心多枝培养法。

大丽花性喜肥，但忌过量，生长期间每7~10天追肥1次，夏季超过30℃时不宜施用。立秋后气温下降，生育旺盛，可每周增施肥料1~2次。切花栽培时，应选分枝多、茎干细而挺直、花期持久的中小品种。

主要病虫害：根腐病、褐斑病、白粉病、花叶病毒病、食心虫、蚜虫。

（三）园林用途

大丽花适用于花坛、花径或庭前丛植，矮生品种可作盆栽。

七、美人蕉

植物名称：美人蕉（*Canna indica* L.）

别名：小花美人蕉、小芭蕉

科属：美人蕉科美人蕉属

形态特征：植株全部绿色，高可达 1.5 米。叶片卵状长圆形（图5-7），总状花序疏花；花红色，单生；苞片卵形，绿色，蒴果绿色，长卵形，有软刺。花果期 3 月到 12 月。

生态习性：喜温暖和充足的阳光，不耐寒。对土壤要求不严，在疏松肥沃、排水良好的砂壤土中生长最佳，也适应于肥沃黏质土壤生长。

图 5-7

产地与分布：原产于印度。我国南北各地常有栽培。

种类及品种：大花美人蕉（*Canna generalis* L. H. Bailey & E. Z. Bailey）多年生球根花卉。喜温暖湿润气候，不耐霜冻，喜阳光充足、土地肥沃；性强健，适应性强。大花美人蕉为法国美人蕉的总称，主要由原种美人蕉杂交改良而来，原种分布于美洲热带。中国各地广为栽培。

（一）繁殖技术

普通分株繁殖，将根茎切离，每丛保留 2~3 芽就可栽植。

播种繁殖：种皮坚硬，播种前应将种皮刻伤或开水浸泡。发芽温度25℃以上，2~3 周即可发芽，定植后当年便能开花，生育迟者需 2 年才能开花。发芽力可保持 2 年。

（二）栽培管理

一般春季栽植，暖地宜早，寒地宜晚。除栽前充分施基肥外，生育期间

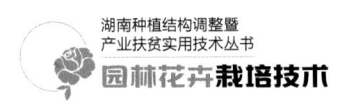
还应多追施肥液，保持土壤湿润。寒冷地区在秋季经 1~2 次霜后，待茎叶大部分枯黄时可将根茎挖出，适当干燥后贮藏于砂土中或堆放室内，温度保持 5℃~7℃ 即可安全越冬。暖地冬季可不必采收。但经 2~3 年后必须挖出重新栽植。

主要病虫害：卷叶虫。

（三）园林用途

美人蕉花大色艳、色彩丰富，株形好，栽培容易。且现在培育出了许多优良品种，观赏价值很高，可盆栽，也可地栽或装饰花坛。

八、马蹄莲

植物名称：马蹄莲（*Zantedeschia aethiopica*）

别名：水芋、野芋、海芋百合、花芋

科属：天南星科马蹄莲属

形态特征：具块茎，并容易分蘖形成丛生植物。叶基生，叶下部具鞘；叶片较厚，绿色，心状箭形或箭形，先端锐尖、渐尖或具尾状尖头，基部心形或戟形。肉穗花序圆柱形，黄色；佛焰苞长 10~25 厘米（图 5-8），白色、红色、黄色、紫色等。浆果短卵圆形，淡黄色；种子倒卵状球形。花期 2 月到 3 月，果期 8 月到 9 月。

图 5-8

生态习性：喜温暖、湿润和阳光充足的环境。不耐寒和干旱。马蹄莲喜水，生长期土壤要保持湿润，土壤要求肥沃、保水性能好的黏质壤土。

产地与分布：原产于非洲东北部及南部。分布于中国北京、江苏、福建、台湾、四川、云南及秦岭地区。

（一）繁殖技术

以分球为主，花后植株进入休眠，剥块茎四周形成的小球，另行栽植。培养一年，第二年便可开花。也可播种繁殖，种子成熟后即行盆播。发芽适温 20℃左右。

（二）栽培管理

马蹄莲多行温室盆栽，常于立秋后上盆，生长期间喜水分充足，要经常保持叶面清洁。每半个月追肥 1 次。施肥时注意切勿使肥水流入叶柄内而引起腐烂。施肥后还要立即用清水冲洗，以防意外。霜降前移入温室，室温保持 10℃以上。春节前便可开花。

主要病虫害：软腐病、红蜘蛛。

（三）园林用途

马蹄莲可用于配植庭园，丛植于水池或堆石旁最佳。

九、红花酢浆草

植物名称：红花酢浆草（*Oxalis corymbosa* DC.）

别名：大酸味草、南天七、夜合梅、大叶酢浆草、三夹莲

科属：酢浆草科酢浆草属

形态特征：多年生直立草本（图 5-9）。无地上茎，地下部分有球状鳞茎，外层鳞片膜质，褐色，背具 3 条肋状纵脉，被长缘毛，内层鳞片呈三角形，无毛。叶基生；花丝被长柔毛；被锈色长柔毛，花果期 3 月到 12 月。

生态习性：喜向阳、温暖、湿润的环境，夏季炎热地区宜遮半阴，抗旱能力较强，不耐寒，喜阴

图 5-9

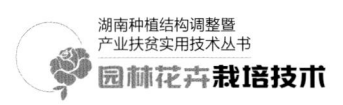
湿环境，对土壤适应性较强，在腐殖质丰富的砂质壤土中生长旺盛，夏季有短期的休眠。在阳光极好时容易开放。

产地与分布：原产于南美热带地区。分布于广西、河北、福建、陕西、华东、华中、华南、四川和云南等地。

（一）繁殖技术

红花酢浆草在国内栽培不易结实，球茎繁殖和分株繁殖是主要的繁殖方式。

1. 分株

在春秋两季进行繁殖，此时地下茎充实，新芽已经形成，用手掰开栽种即可，极易成活。

2. 切茎

宜在春季进行，成活率较高。将球茎切成块，每块带 2~3 个芽，栽上 1 个多月即可发出新叶片，当年就能开花。

3. 快繁

单球茎的繁殖系数高，平均每个单球茎可获得球茎 15~17 个。一般情况下，红花酢浆草繁殖以春秋为主。为增加繁殖系数，在分球茎繁殖的基础上，也可将球茎根据大小切成 2~6 瓣繁殖。栽培 2 年的球茎，每株可繁殖 20~30 株，成活率高，生长快，1 个月左右就可开花。

（二）栽培管理

红花酢浆草在一般土壤中也能生长，但在肥沃、疏松及排水良好的砂质土壤中生长最快。种植时不能太深。生长期每月施 1 次有机肥，并及时浇水。生长期需注意浇水，保持湿润，并施肥 2~3 次，以保持花繁叶茂。炎热季节生长缓慢，基本上处于休眠状态，要注意停止施肥水，置于阴处，保护越夏。冬春季节生长旺盛期应加强肥水管理。

春至初夏与秋季生长旺盛期，可每 2 周施用稀薄肥液 1 次，促进生长旺盛，开花繁茂。随时注意清除枯黄叶片与残花枝，越冬最低温不得低于 5℃；夏季酷暑地区，生长缓慢，或进入半休眠状态，应注意排水防涝，防根茎腐烂。盆栽植株应每年春季结合换盆进行分栽。生长旺盛，增殖率高。

主要虫害：红蜘蛛。

（三）园林用途

园林中广泛种植，适合在花坛、花径、疏林地及林缘大片种植，可盆栽用来布置广场、室内阳台，同时也是庭院绿化镶边的好材料。

十、慈姑

植物名称：慈姑（*Sagittaria sagittifolia* L.）

别名：剪刀草、燕尾草、茨菰

科属：泽泻科慈姑属

形态特征：植株高大，粗壮（图5-10）；叶片宽大，肥厚，顶裂片先端钝圆，卵形至宽卵形；匍匐茎末端膨大呈球茎，球茎卵圆形或球形，果期常斜卧水中；果期花托扁球形，种子褐色，具小凸起。

图 5-10

生态习性：对气候和土壤的适应性强，池塘、湖泊的浅水处或水田中或水沟渠中均能很好生长，但最喜气候温暖、阳光充足的环境；栽于土壤富含腐殖质而土层不太深厚的黏质壤土为宜。喜生浅水中但不宜连作。生长期和球茎发育时最忌连日阴雨或暴风雨，常使叶柄折断，球茎难以肥大。

产地与分布：我国长江以南各省区广泛栽培。日本、朝鲜亦有栽培。

（一）繁殖技术

通常分球繁殖，也可播种。分球时种球最好在翌年春季栽植前挖出，也可在种球抽芽后挖出栽植。最适合栽植的时期为终霜过后。整地施基肥后，灌以浅水，将种球插入泥中。播种繁殖于3月底到4月初进行。种子

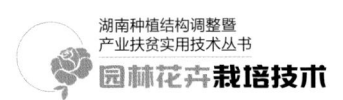
播在小盆内，覆土镇压后，将小盆放入大水盆内，保持水层 3~5 厘米，在 25℃~30℃下经 7~10 天即可发芽，第二年便可开花。

（二）栽培管理

慈姑作为食用栽培时养护管理比较精细，而为园林应用栽培时管理则较简单粗放。盆栽在 4 月初种植。盆土以含大量腐殖质的河泥并施入马蹄片作基肥为好。放置向阳通风处，霜降前取出根茎，晾干沙藏。若在园林水体中种植，须注意根茎留原地越冬时，不应使土面干涸，应灌水保持水深 1 厘米以上，以免泥土冻结。

主要病害：叶黑粉病。

（三）园林用途

慈姑叶形奇特，适应性强，宜作水面、岸边绿化材料，也常盆栽供观赏。其球茎含有大量淀粉，可供食用。

第六章
木本花卉

第一节　概述

一、木本花卉的定义

木本花卉是指植株的茎木质化程度较高，并且以观花、观叶、观果或树形为主，具较高观赏价值的一类花卉。

二、木本花卉的分类

依生态习性可分为：常绿类，喜温暖、湿润，不耐寒；落叶类，较耐寒，不耐高温。

依形态特征可分为：乔木（地上部有明显直立主干的木本花卉）、灌木（地上部无明显主干，由植株基部产生若干分枝的木本花卉）、藤本（茎需要借助他物才能直立生长的木本花卉）。

三、木本花卉的特点

木本花卉具有多年生、多周期性，幼年期长，可不断生长增大，喜充足阳光，开花习性各不相同，生长季节性强，但花期可人工控制的特点。木本花卉种类繁多，形态各异，广泛应用于各种园林绿地，不仅可以独立

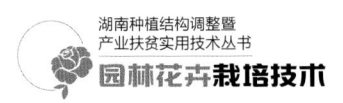
成景，还可以和各种地形或建筑物配合成景，亦可作盆栽或盆景，应用形式多种多样。

<h1 style="text-align:center">第二节　常绿木本花卉</h1>

一、桂花

植物名称：桂花〔*Osmanthus fragrans*（Thunb.）Lour.〕

别名：木犀

科属：木犀科木犀属

形态特征：常绿灌木至小乔木（图6-1）。树皮灰褐色，小枝黄褐色，无毛；叶片革质，单叶对生，叶形椭圆至椭圆状披针形，叶缘有全缘或具锯齿；花腋生呈聚伞花序，花形小而有香味，花色因品种而异；果椭圆形，呈紫黑色。花期9月到10月上旬，果期翌年3月。

生态习性：喜光，稍耐荫，喜温暖和通风良好的环境，不耐寒，喜湿润且排水良好的砂质壤土，忌涝地、碱地和黏重土壤。

图 6-1

产地与分布：黄河流域以南、西南地区。

种类及品种：

金桂（var. *thunbergii*）花金黄色，香味浓，开花量大。叶广椭圆形，叶缘波状，浓绿有光泽。

银桂（var. *latifolius*）花色白、黄白或淡黄，香气较淡。叶绿色或深绿色，厚革质，椭圆形、卵形或倒卵形。

丹桂（var. *aurantiacus*）花橙黄或橙红，香气较淡。叶较小，披针形或椭圆形。

四季桂（var. *semperflourens*）花色淡黄，花期长，能数次开花但以秋季为多，香味淡，叶较小，叶质薄，网脉较明显，多呈灌木状。

（一）繁殖技术

桂花繁殖可用嫁接、压条、扦插或播种等方法，以嫁接和扦插应用较普遍。

嫁接：繁殖桂花最常用的方法，以腹接成活率高。一般在 3 月到 4 月进行，常用小叶女贞、小腊、水腊、女贞等为砧木，其中用女贞成活率高，初期生长快，风吹容易断离，要注意保护。

扦插：一般在 6 月到 8 月，选取半熟枝带踵插条，插于河沙或黄土苗床，充分浇水并遮阴，保持温度 25℃~28℃，湿度 85% 以上，2 个月后可生根移植。

（二）栽培管理

桂花耐移植，春季、秋季均可进行，选择阴天或雨天的时间，通风、排水良好且温暖的地方，光照充足或半阴环境均可。移植前树穴内应先掺入草木灰及有机肥料，栽后浇 1 次透水。新枝发出前保持土壤湿润，切勿浇肥水。一般春季施 1 次氮肥，夏季施 1 次磷、钾肥，使花繁叶茂，入冬前施 1 次越冬有机肥，以腐熟的饼肥、厩肥为主。

桂花枝繁叶茂，整形修剪时将其他萌蘖条、过密枝、徒长枝、交叉枝、病弱枝去除，使通风透光。对树势上强下弱者，可将上部枝条短截 1/3，使整体树势强健，同时在修剪口涂抹愈伤防腐膜保护伤口。

主要病害：桂花褐斑病、枯斑病、炭疽病。

（三）园林用途

溪旁、水滨、亭际、山巅、墙隅、房前屋后均可种植。丛植、群植于林缘、大草坪上，以及茶室、书斋附近，园路两旁；抗毒气体性能强，可作污染区绿化树种。

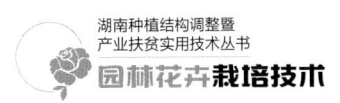

二、红叶石楠

植物名称：红叶石楠（*Photinia* × *fraseri* Dress）

科属：蔷薇科石楠属

形态特征：常绿小乔木或灌木（图6-2）。树冠为圆球形；叶片革质，长圆形至倒卵状、披针形，叶端渐尖，叶基楔形，叶缘有带腺的锯齿；花多而密，复伞房花序，花白色；梨果黄红色。花期5月到7月，果期9月到10月。

生态习性：喜温暖潮湿的环境，具极强的耐阴能力和抗干旱能力，但不耐水湿。耐瘠薄，适宜生长于各种土壤中，尤喜砂质土壤。

图6-2

产地与分布：中国华东、中南及西南地区。

（一）繁殖方法

主要有扦插和组织培养两种方法，以扦插为主。扦插时间可分别为3月、6月、9月上旬，插穗用半木质化的嫩枝或木质化的当年生枝条，切口可用生根剂处理，叶面用多菌灵和炭疽福美混合液喷洒。扦插后基质含水量保持在60%左右，棚内空气湿度最好保持在95%以上，棚内温度控制在38℃以下。从扦插到生根发芽之前都要遮阴。15天发根后可降低基质含水量至40%左右，随着插穗生根发叶，可逐步除去大棚的遮阴网和薄膜，开始炼苗。

（二）栽培管理

定植后缓苗期间，注意管理水分，保持不旱不涝。缓苗过后即可施肥，春季施尿素，夏、秋季施复合肥，每半个月1次；冬季开沟埋施1次腐熟的有机肥。平时要及时锄草松土，以防土壤板结。

主要病虫害：立枯病、猝倒病、叶斑病、灰霉病、叶斑病、炭疽病、介壳虫。

（三）园林用途

适于孤植、丛植、对植于台阶及入口两侧，密植成绿墙用于分隔空间、屏蔽不良景观，防尘、防噪声或作背景树，亦适合作污染区绿化树种。

三、广玉兰

植物名称：广玉兰（*Magnolia grandiflora* L.）

别名：洋玉兰、荷花玉兰

科属：木兰科木兰属

形态特征：常绿乔木（图6-3）。树冠阔圆锥形；叶互生，厚革质，倒卵状长椭圆形，表面光滑，深绿色，有光泽，叶背有锈色绒毛；花单生枝顶，花杯状，形大色白，芳香；聚合果，圆柱状卵形，密生锈色绒毛。花期5月到8月，果10月成熟。

图6-3

生态习性：喜温暖湿润和阳光充足的环境，较耐寒，不耐旱，怕水淹，不耐盐碱，适生于肥沃、排水好的砂壤土。

产地与分布：广玉兰原产于美国东南部，分布在北美洲以及中国长江流域以南各地。

（一）繁殖技术

广玉兰一般以嫁接为主，播种次之。

嫁接：常用木兰作砧木。木兰砧木用扦插或播种法育苗。3月到4月采取广玉兰带有顶芽的健壮枝条作接穗，用切接法在砧木距地面3~5厘米处嫁接。接后培土。待芽伸展后扒去土，剪除砧木萌蘖，在梅雨前施肥。

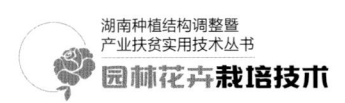

播种：在 9 月到 10 月采种，即可播种，亦可湿沙层积至翌年 3 月春播，5 月出苗，幼苗生长缓慢，播种宜稍密，播后第二年移栽，培育 2~3 年后逐步放大株行距。

（二）栽培管理

嫁接育苗要加强水肥管理。浇水以漫灌为主，水量和时间根据天气状况和土壤墒情而定。春季穴施有机肥或复合肥，夏季结合浇水追施有机肥。注意随时剪除砧木萌蘖。移植须带土球，春移在 5 月以前，秋植不迟于 10 月。大树移植，要适当疏枝修叶，定植后及时架立支柱。广玉兰的枝易折断，抗风力弱，故应注意防风。

主要病虫害：炭疽病，白藻病，干腐病，介壳虫。

（三）园林用途

宜作行道树、庭荫树，或孤植、丛植、群植于开阔的大草坪上，组成宜人的绿色空间或背景林。

四、红花木莲

植物名称：红花木莲（*Manglietia insignis*）

别名：红色木莲

科属：木兰科木莲属

形态特征：常绿乔木（图 6-4）。树皮灰色，单叶互生，革质，倒披针形，长圆形或长圆状椭圆形；花梗粗壮，单生枝顶，乳白色染粉红色，倒卵状匙形；聚合果鲜时紫红色，卵状长圆形，蓇葖背缝全裂，具乳头状突起，种子有肉质红色外种皮，内种皮黑色，骨质。花期 5~6 月，果期 8~9 月。

图 6-4

生态习性：喜温凉湿润的环境，耐阴，在湿润肥沃的土壤上生长良好。

产地与分布：分布于湖南西南部、广西、四川西南部、贵州、云南、西藏东南部。

（一）繁殖技术

于9月份采收聚合果，置通风处阴干，蓇葖开裂后筛出种子，除去红色外种皮，洗净晾干，层积贮存，于翌年早春播种。选择排水良好、向阳湿润、疏松肥沃、酸碱度中性的砂壤土作苗圃，施腐熟有机肥作基肥，深翻整地作苗床，播前先浇水，水量保持在80%左右，进行条播，播后覆土，喷水，保持床面湿润，用塑料薄膜封闭床面，温度控制在25℃左右，出苗后需搭荫棚遮阴，苗高20~30厘米即可出圃定植。

（二）栽培管理

选择土层较深厚，湿润、疏松肥沃的土壤栽植，栽后浇水，保持土壤湿润，及时松土除草，整个生长期施肥5~6次。结合除草、清洁田园进行整形修剪，剪去病弱枝、干枯枝，及时将病虫残体和枯枝落叶烧毁或深埋处理，可以减轻翌年的病虫危害。

主要病虫害：立枯病、根腐病、小地老虎、蛴螬。

（三）园林用途

宜作庭荫树、行道树等。

五、金边瑞香

植物名称：金边瑞香（*Daphne odora* Thunb. f. *marginata* Makino）

别名：瑞香、睡香、露甲、风流树、蓬莱花

科属：瑞香科瑞香属

形态特征：常绿直立灌木（图6-5）。枝粗壮，通常二歧分枝，小枝近圆柱形，紫红色或紫褐色，无

图6-5

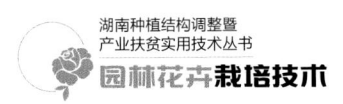

毛；叶互生，纸质，长圆形或倒卵状椭圆形，全缘，叶片边缘淡黄色，中部绿色；花外面淡紫红色，内面肉红色，无毛，数朵至 12 朵组成顶生头状花序，果实红色。花期 3 月到 5 月，果期 7 月到 8 月。

生长习性：生长在低山丘陵荫蔽湿润地带。金边瑞香虽然喜半阴，但冬、春应放在有阳光的环境中，夏季应放在通风良好的阴凉处，炎热时要喷水降温。金边瑞香较喜肥，萌发力较强，耐修剪，花后须进行整枝。

产地与分布：原产地在中国。分布于中国和中南半岛，日本仅有栽培。

（一）繁殖技术

1. 扦插

主要采用老枝和嫩枝扦插繁殖，宜用疏松、富含腐殖质带微酸性的腐叶或山泥（或冻酥的塘土），掺拌适量的河砂和腐熟的饼肥。老枝扦插于春季植株萌芽前，一般在 3 月下旬至 4 月上旬，嫩枝扦插于 6 月到 7 月采用当年生的健壮枝条。春季取上年生枝条蘸生根粉，插于扦插基质中，浇透水，并保持扦插基质湿润偏干，20 天左右可生根。夏季取当年生嫩枝插，插后浇透水，以后保持扦插基质湿润偏干，叶面需经常洒水，直至生根。

2. 播种

金边瑞香播种要选择疏松肥沃、排水良好的酸性土壤，忌用碱性土。播种时间一般选在春季，将种子在室内盆播，控制温度在 20 度左右。播种后，盖上塑料膜保湿。

3. 压条

金边瑞香的压条繁殖在 3 月到 4 月新芽萌发的时候进行，选取 1~2 年生的健壮枝条，作 1~2 厘米的环剥，然后将切口包裹，压入土中，在包裹袋上插孔便于透气和灌水。1~2 个月后生根，生根后将枝条与母株分离。入土栽种即可。

（二）栽培管理

金边瑞香喜半阴或向阳地，忌烈日曝晒、暴雨淋，耐寒性较差，不耐水涝，适生于肥沃疏松、排水性良好的微酸性土壤，平时管理较为粗放。

1. 浇水

金边瑞香不耐湿，平时浇水宜见干见湿。初春新芽将萌动时浇 1 次透水，以后在盆土干透后再浇透。夏季除保持盆土的干湿交替外，还需定时向其四周及叶面喷水以降温。秋末使盆土处于半干状态，促使生长势减缓，有利于越冬。冬季生长停滞时，盆土宜偏干，浇水宜少。

2. 施肥

金边瑞香不喜大肥，平常每月施 1 次腐熟的稀薄肥液即可。开花前后施 1 次稀薄肥液，就可使植株茂盛，花香色艳。忌将肥液溅沾至叶片上，施肥要在土壤干时进行，忌施人粪尿和化肥。

3. 修枝

金边瑞香萌发力强，耐修剪，花后可按所需株形进行修剪整形，主要去除弱枝、过密枝等。

4. 养护

夏季和初秋要遮阴或搬到阴凉处。冬要防寒。避免大雨积水造成烂根。开花时给予适当的光照，可使花香更浓。

5. 主要病虫害

蚜虫、介壳虫、花叶病、白霉病。

（三）园林用途

宜植于林下。路缘丛植或与假山、岩石配植都很合适。

六、栀子花

植物名称：栀子花（*Gardenia jasminoides* Ellis）

别名：黄栀子、山栀

科属：茜草科栀子花属

形态特征：常绿灌木（图 6-6）。枝灰色，嫩枝绿色，常被短毛；叶对生或三叶轮生，长椭圆形，全缘，

图 6-6

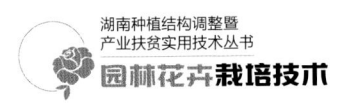

无毛，革质而有光泽；花单生枝端或叶腋，花萼裂片线形，花冠高脚蝶状，白色，浓香，花丝短，花药线形。果卵形，顶端有宿存萼片。花期5月到7月，果期5月至翌年2月。

生长习性：栀子喜光也能耐阴，在庇荫条件下叶色浓绿但是开花稍差，喜温暖湿润气候，耐热也稍耐寒；喜肥沃、排水良好、酸性的轻黏壤土，也耐干旱瘠薄，但植株易衰老；抗二氧化硫能力较强。耐修剪。

产地与分布：原产于中国，全国大部分地区有栽培，主要分布在福建、贵州、浙江、江苏、安徽、江西、河南、湖北、湖南、四川、陕西南部等省份。

种类及品种：

大叶栀子（*Gardenia jasminoides* Ellis var. *grandiflora* Nakai.），也称大花栀子，栽培变种，叶大，花大而富浓香、重瓣，不结果。园林中应用更为普遍。

水栀子（*Gardenia jasminoides* var. *radicans* Makino），又名雀舌栀子，植株矮小，花小、枝常平展匍地，叶小而狭长，重瓣。

（一）繁殖技术

繁殖栽培以扦插繁殖、压条为主。

1. 扦插

栀子的枝条很容易生根，南方常于3月到10月扦插，北方则常5月到6月扦插，剪取健壮成熟枝条，插于沙床上，只要经常保持湿润，极易生根成活。

2. 压条

压条一般在4月清明前后或梅雨季节进行，4月份从3年生母株上选取长25~30厘米的一年生健壮枝条进行压条。在6月生根后可与母株分离，至次年春天可带土分栽或单株上盆。

3. 播种

播种选择饱满、色深红的成熟果实，连壳晒或晾干作种，一般选向阳山坡或土坊，土层深厚疏松肥沃的砂质壤土播种。栀子花可春播或秋播，一般多在春季进行，春播在雨水前后下种，秋播在秋分前后。

（二）栽培管理

幼苗出土后，揭去覆盖物，保持苗床湿润，并及时除去杂草；必要时还应适当进行培土。栀子定植后，每年春、夏、秋三季以除草为主，冬耕要较深，以加深活土层，增加土内温度，有利安全越冬。定植后，在栀子营养生长期，应施有机肥，促进树冠生长。适当修剪整形能提高栀子产量。

主要病虫害：褐斑纹病、大透翅天蛾、栀子卷叶螟、龟腊蚧。

（三）园林用途

栀子花是良好的绿化、美化、香化的材料，可成片丛植，或配置于林缘、庭前、庭隅、路旁作花篱，用作阳台绿化、盆花、切花或盆景也十分适宜，亦可用于街道和厂矿绿化。

七、锦绣杜鹃

植物名称：锦绣杜鹃（*Rhododendron pulchrum* Sweet）

别名：鲜艳杜鹃

科属：杜鹃花科杜鹃花属

形态特征：常绿灌木（图6-7）。枝开展，淡灰褐色，被淡棕色糙伏毛；叶薄革质，椭圆状长圆形至椭圆状披针形或长圆状倒披针形，先端钝尖，基部楔形，边缘反卷，全缘；花萼大，绿色，被糙伏毛，花冠玫瑰紫色，阔漏斗形；蒴果长圆状卵球形，花萼宿存。花期4月到5月，果期9月到10月。

生长习性：喜温暖、半阴、凉

图6-7

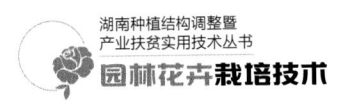
爽、湿润、通风的环境；怕烈日、高温；喜疏松、肥沃、富含腐殖质的偏酸性土壤；忌碱性和重黏土；排水通畅，忌积水。

产地与分布：主要分布于中国江苏、浙江、江西、福建、湖北、湖南、广东和广西。著名栽培种，据说原产于我国，但至今未见野生。

（一）繁殖技术

1.扦插

在梅雨季进行。选取半成熟嫩枝，长12~15厘米，去掉基部2~3片叶，留顶端叶片并剪去一半。插条用0.8%吲哚丁酸溶液处理2~3秒，插入沙床，室温保持在15℃~18℃，插后50~60天生根。

2.压条

在4月到5月进行，用高空压条法。选取2~3年生的成熟枝，在离枝顶20~30厘米处行环状剥皮，宽2厘米，用腐叶土和薄膜包扎。4月到5个月愈合生根，秋季剪离盆栽。

3.播种

以4月为宜，采用室内盆播。发芽适温为22℃~24℃，播后10~15天发芽，幼苗生长慢。

（二）栽培技术

喜酸性土壤，要求疏松、排水好，富含腐殖质。盆栽时候，可用腐殖质土、苔屑、山泥等，管理上需注意排水、浇水等工作，施肥时应注意宜淡不宜浓，杜鹃根很纤细，施浓肥易烂根。开花后的生长发枝期要求适当增加氮肥，在夏季酷暑期应适当遮阴；暴雨前应及时将积水排出。

主要病虫害：褐斑病、冠网蝽、根腐病、红蜘蛛、黄叶病防、灰霉病。

（三）园林用途

成片栽植，开花时浪漫似锦，万紫千红，可增添园林的自然景观效果。也可在岩石旁、池畔、草坪边缘丛栽，增添庭园气氛。盆栽摆放宾馆、居室和公共场所，绚丽夺目。

八、红花檵木

植物名称：红花檵木（*Loropetalum chinense* var. Rubrum）

别名：红檵木

科属：金缕梅科檵木属

形态特征：常绿灌木（图6-8）。
树皮暗灰或浅灰褐色，多分枝，嫩
枝红褐色，密被星状毛；叶革质互
生，卵圆形或椭圆形，全缘，暗红
色；花瓣4枚，紫红色线形长1~2
厘米，花3~8朵簇生于小枝端；蒴
果褐色，近卵形。花期3月到5月，
果期8月。

图6-8

生长习性：喜光，稍耐阴，但
阴时叶色容易变绿。适应性强，耐旱。喜温暖，耐寒冷。萌芽力和发枝力
强，耐修剪。耐瘠薄，但适宜在肥沃、湿润的微酸性土壤中生长。

产地与分布：产于湖南。主要分布于长江中下游及以南地区，印度北部
也有分布。

（一）繁殖技术

1. 嫁接

主要用切接和芽接2种方法繁殖。嫁接于2月到10月均可进行，切接
以春季发芽前进行为好，芽接则宜在9月到10月。以白檵木中小型植株为
砧木进行多头嫁接，加强水肥和修剪管理，1年内可以出圃。

2. 扦插

3月到9月均可进行，选用疏松的黄土为扦插基质，确保扦插基质通气
透水和有较高的空气湿度，保持温暖但避免阳光直射，同时注意扦插环境通
风透气。于5月到8月嫩枝扦插，采用当年生半木质化枝条，插后搭棚遮
阴，适时喷水，保持土壤湿润，30~40天即可生根。

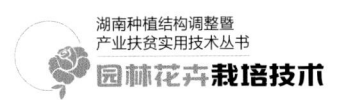
3. 播种

春夏播种，种子发芽率高。有性繁殖因其苗期长，生长慢。一般在 10 月采收种子，11 月份冬播或将种子密封贮藏至翌年春播种，种子用沙子擦破种皮后条播于半沙土苗床，播后 25 天左右发芽，发芽率较低。

（二）栽培管理

红檵木移栽前，施肥要选腐熟有机肥为主的基肥，结合撒施或穴施复合肥，注意充分拌匀，以免伤根。南方梅雨季节，应注意保持排水良好，高温干旱季节，应保证早、晚各浇水 1 次，中午结合喷水降温；北方地区因土壤、空气干燥，必须及时浇水，保持土壤湿润，秋冬及早春注意喷水，保持叶面清洁、湿润。红檵木具有萌发力强、耐修剪的特点，在早春、初秋等生长季节进行轻中度修剪，配合正常水肥管理。

主要病虫害：蚜虫、尺蛾、黄夜蛾、盗盼夜蛾、大小地老虎、金龟子、炭疽病、立枯病、花叶病。

（三）园林用途

适合作地被、基础种植、背景、隔离带、盆景材料等，花和叶均有很高的观赏价值，适合用于风景区、森林公园、庭院、城市绿化，可孤植、丛植或与其他树种做色块配植。

九、山茶花

植物名称：山茶花（*Camellia japonica* L.）

别名：晚山茶、耐冬、川茶、海石榴

科属：山茶科山茶属

形态特征：常绿灌木或小乔木（图 6-9）。高可达 9 米，嫩枝无毛。叶革质，椭圆形，先端略尖，

图 6-9

或急短尖而有钝尖头，基部阔楔形，上面深绿色，下面浅绿色，无毛；花顶生，红色，无柄；蒴果圆球形。花期 1 月到 4 月，果熟期 9 月到 10 月。

生长习性：喜半阴，喜温暖湿润气候。有一定的耐寒能力，怕高温，喜肥沃湿润而排水良好的酸性土壤，对海潮风有一定的抗性。

产地与分布：产于中国和日本，中国中部及南方各地露地均有栽培，北部则行温室盆栽。

种类及品种：

白山茶（var. *alba* Lodd.）：花白色。

白洋茶（var. *alba-plena* Lodd.）：花白色，重瓣，呈规则的覆瓦状排列。

红山茶（var. *anemoniflora* Curtis）：花红色，花型似牡丹。

紫山茶（var. *lilifolia* Mak.）：花紫色，叶呈狭披针形，有似百合的叶形。

（一）繁殖技术

可用播种、压条、扦插、嫁接等法繁殖

1. 播种

多在繁殖培育砧木时应用，种子成熟后最好采下播种，否则应沙藏。但因种子富含油脂也不耐久藏。

2. 扦插

欲提高成活率，必须有健壮富含营养的插穗，故首先必须对母株施秋季基肥，控制花蕾数目，避免因开花过多而消耗大量养分。次年 6 月下旬至 7 月间选当年已停止生产呈半成熟状态的新梢做插穗。应随剪随插，插床需遮阴，床土应既能保持湿润又能排水良好。插后应注意保持基质的适当湿润和空气中较高的相对湿度，此后早、晚可通气略见阳光，生根后初期可以搭 1 层荫棚，逐渐增加光照以使苗木充实硬化，有利于根系发展。

嫁接：通常在 5 月到 6 月进行。砧木用实生苗或扦插苗。此外亦有在春季行切接者，但成活率较低。

（二）栽培管理

如在长江以南栽培，在扦插的当年应设霜棚防寒，次年晚霜后再拆除改为荫棚。移植在春季 3 月到 4 月中旬为好，不论苗木大小均带土球，移植后应注意保持土壤湿润。秋末施基肥，在生长期间可结合浇水施追肥，但在开花期间不必施肥，山茶不喜浓肥，尤其对弱苗不宜一次多量施肥。山茶花不宜行强度修剪，仅每年剪除病枝虫害、老弱、枯枝及过密枝并及时摘除砧芽。修剪在开花后进行，山茶虽喜半阴但不喜顶部遮阴，而是以侧面遮蔽阳光为宜，不宜终年置于荫棚下，否则会生长不良。

主要病虫害：蚜虫、红蜘蛛、黑霉病、炭疽病。

（三）园林用途

江南地区可丛植或散植于庭院、花径、假山旁、草坪及树丛边缘，装点景色，也可众多品种片植为山茶园观赏。北方常在温室盆栽观赏。

十、含笑花

植物名称：含笑花〔*Michelia figo* (Lour.) Spreng.〕

别名：含笑美、含笑梅、山节子、白兰花、唐黄心树、香蕉花、香蕉灌木

科属：木兰科含笑属

形态特征：常绿灌木（图 6-10）。高达 2~3 米，树皮灰褐色，分枝繁密，芽、嫩枝、叶柄、花梗均密被黄褐色绒毛；叶革质，狭椭圆形或倒卵状椭圆形；花直立、淡黄色，而边缘有时红色或紫色，具甜浓的芳香；聚合果蓇葖卵圆形或球形，顶端有短尖的喙。花期 3 月到 5 月，果期 7 月到 8 月。

图 6-10

生长习性：生于阴坡杂木林中，溪谷沿岸尤为茂盛。含笑花喜肥，性喜半阴，为暖地木本花灌木，不甚耐寒，长江以南背风向阳处能露地越冬。不

耐干燥瘠薄，但也怕积水，要求排水良好，肥沃的微酸性壤土，中性土壤也能适应。

产地与分布：原产于华南南部各省区，广东鼎湖山有野生，现广植于中国各地。

（一）繁殖技术

含笑花可用扦插、圈枝繁殖和嫁接法等方式繁殖。

1. 扦插

7月下旬至9月上旬，取未发出新芽、木质化枝条，于插穗基部沾附发根素插置于砂质土壤上，适当遮阴及保持环境湿润，2~3个月即可生根，再于翌春移植。

2. 圈枝

4月份选取发育良好、组织充实健壮的二年生枝条。用湿润苔藓植物敷于环剥部位，用塑料膜包在外面，上下扎紧，约2个月生根。待新根充分发育后，剪下上盆栽培，栽培后要浇透水，以后每天浇水1次或不浇。当新梢长有7厘米左右时开始施肥。

3. 嫁接

宜在5月到6月实施，常是以木兰作为砧木，成活之后可快速生长。根部肥厚多肉的含笑花不耐移植，若实在必须进行移植时宜多带土球，而植株的修剪整形则是以越冬之前为宜。

（二）栽培管理

含笑越冬的最低温度不低于5℃，否则根的吸收能力会减弱，会使植株的嫩枝与叶片萎蔫。最高温度不能超过15℃，温度过高，植株内部养分消耗过多，对翌年生长不利。平时要保持盆土湿润，不宜过湿。阴雨季节要注意控制湿度。生长期和开花前需较多水分，保持一定空气湿度。秋季、冬季因日照偏短，每周浇水1~2次即可。

1. 施肥

含笑花喜肥，多用腐熟饼肥、骨粉、鸡鸭粪和鱼肚肠等沤肥掺水施用，

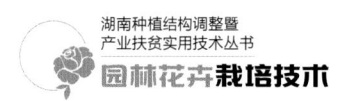

在生长季节（4月到9月）每隔15天左右施1次肥，开花期和10月份以后停止施肥。

2. 修剪

含笑花不宜过度修剪，平时可在花后将影响树形的徒长枝、病弱枝和过密重叠枝剪除，并剪去花后果实，减少养分消耗。春季萌芽前，适当疏去一些老叶，以触发新枝叶。

3. 主要病害

叶枯病、炭疽病、藻斑病、煤污病

（三）园林用途

园林香花植物，宜用于公园、庭院、工厂、校园绿化、丛植、行植于花坛、花带或盆栽均可，花可提炼香精。

十一、茶梅

植物名称：茶梅（*Camellia sasanqua* Thunb.）

别名：茶梅花

科属：山茶科山茶属

形态特征：常绿灌木或小乔木（图6-11）。嫩枝有毛；叶革质，椭圆形，上面发亮，下面褐绿色，网脉不显著；边缘有细锯齿，叶柄稍被残毛；花大小不一，苞片及萼片被柔毛；蒴果球形，种子褐色，无毛。花期11月到翌年3月。

图6-11

生长习性：茶梅性喜温暖湿润；喜光而稍耐阴，忌强光，属半阴性植物；宜生长在排水良好、富含腐殖质、湿润的微酸性土壤中。既怕过湿又怕干燥。茶梅较为耐寒，畏酷热，抗性较强，病虫害少。

产地与分布：主要分布于日本，中国有栽培品种。

（一）繁殖技术

采用单叶短枝扦插法，取材简便，成活率高，效果好。于 6 月中旬选取当年皮色红棕、腋芽饱满、易于发根的半成熟枝，截成短枝作插穗。插后浇透水，放置在阴处，盆面覆盖塑料薄膜，每 1~2 天浇少量水，严防土壤过湿引起脱叶，50 天左右即生根，待第二年 4 月上旬移盆栽植。

（二）栽培管理

茶梅在寒冷的冬季和早春处于半休眠状态，适宜温度为 2℃~10℃。当平均温度超过 10℃时，就会促进它的营养生长，从而夺走了正在发育中的花蕾所需的养分，导致其逐渐枯落，在冬春花蕾发育和开花季节需要大量养料。春季花开后至抽梢前，要及时追施薄矾肥水 1~2 次，抽梢期不再施，此时施肥最容易烧坏茶花。夏季施肥可在春梢老化的 6 月以后，可连施（每旬 1 次，连施 2~3 次）。9 月下旬后停止施肥。

主要病虫害：灰斑病、煤烟病、炭疽病、介壳虫、红蜘蛛。

（三）园林用途

可于庭院和草坪中孤植或对植；较低矮的茶梅可与其他花灌木配置花坛、花境，或作配景材料，植于林缘、角落、墙基等处作点缀装饰；亦可作基础种植及常绿篱垣材料，还可利用自然丘陵地，在有一定庇荫的疏林中建立茶梅专类园。

十二、金丝桃

植物名称：金丝桃（*Hypericum monogynum* L.）

别名：土连翘、金丝海棠

科属：藤黄科金丝桃属

形态特征：常绿、半常绿或落叶灌木（图 6-12）。小枝圆柱形，红褐色，光滑无毛；叶无柄，长椭圆形，

图 6-12

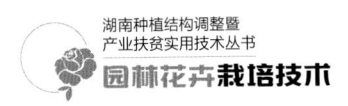

先端钝，基部渐狭而稍抱茎，表面绿色，背面粉绿色；聚伞花序着生在枝顶，花鲜黄色，其呈束状纤细的雄蕊花丝灿若金丝；蒴果卵圆形。花期6月到7月，果熟期8~9月。

生长习性：金丝桃为温带树种，性喜光，略耐阴，喜生于湿润的河谷或半阴坡地砂壤土上；耐寒性不强。

产地与分布：产于河北、陕西、山东、江苏、安徽、浙江、江西、福建、台湾、河南、湖北、湖南、广东、广西、四川及贵州等省区。日本也有引种。

（一）繁殖技术

金丝桃常用分株、扦插和播种法繁殖。

1. 分株

宜于2月到3月进行，极易成活，翌年可地栽，3年可长到70厘米左右，此时可定植。

2. 播种

宜在春季3月下旬至4月上旬进行。因种子细小，覆土宜薄。播后要保持湿润，3周左右可以发芽，苗高5~10厘米时可以分栽，翌年能开花。

3. 扦插

夏季用嫩枝带踵扦插效果最好，也可在早春或晚秋进行硬枝扦插。一般在梅雨季节行嫩枝扦插。扦插深度以插穗插入土中1/2为准。插后遮阴，保持湿润，第二年即可移栽。

（二）栽培管理

金丝桃移植可在春、秋季进行。金丝桃栽植容易成活，栽后保持土壤湿润。夏秋的生长期或开花期应注意修剪，及时剪去残梗枯枝和过密枝，花后需剪去凋谢的花朵。盛夏高温要防干浇水，干旱季节每天浇水1~2次，并多向植株及附近地面喷水，提高环境湿度。生长期内每月追施氮磷结合的肥料1~2次。开花前后应追施稀薄液肥1~2次，花后应及时剪去花头，并疏剪过老枝条，进行更新。地栽植株冬季需培土防寒，盆栽可移入冷室越冬。

主要虫害：蚜虫。

（三）园林用途

可植于庭院内、假山旁及路边、草坪等处。华北多行盆栽观赏，也可作为切花材料。

十三、细叶萼距花

植物名称：细叶萼距花（*Cuphea hyssopifolia*）

别名：紫花满天星、细叶雪茄花

科属：千屈菜科萼距花属

形态特征：常绿小灌木（图6-13）。植株矮小，茎直立，分枝特别多而细密；对生小叶，线状披针形，翠绿；花小而多，花单生叶腋，花萼延伸为花冠状，花紫色、淡紫色、白色；花后结实似雪茄，形小呈绿色，不明显。以观花为主，花期春、夏、秋，四季花开不断。

图 6-13

生长习性：耐热喜高温，不耐寒。喜光，也能耐半阴，在全日照、半日照条件下均能正常生长。喜排水良好的砂质土壤。

产地与分布：原产于墨西哥。中国上海、武汉等地有引种。

（一）繁殖技术

在夏秋扦插为好，也可全年进行。选择健壮无病虫害的母本枝条作插穗。扦插基质对生根率没有显著影响，扦插后12~18天生根。扦插成活率高，是萼距花主要的繁殖方式。

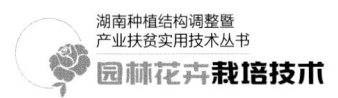
（二）栽培技术

1. 土壤

基质要求肥沃疏松、排水好，地栽时注意改良土壤的透水性，栽植前加入沙，并用有机肥作底肥改良；设置排水沟，以免积水造成植株死亡。

2. 水肥

管理粗放，定植后注意保持土壤湿润，生长恢复后 3~5 天浇水 1 次，10 天施用 1 次稀薄液肥。成型后注意水肥管理，夏季不耐干旱，8 月需水量最大，注意遮阴灌水，叶片枯死后，适时补水又会重新发芽。

3. 养护

分枝力强，适当修剪增加分枝。枝条过密时，可适当疏剪。

（三）园林用途

广泛应用于园林绿化中。可于庭园石块旁作矮绿篱；适于花丛、花坛边缘种植；空间开阔的地方宜群植，小环境下宜丛植或列植，亦可作地被栽植，可阻挡杂草的蔓延和滋生，还可作盆栽观赏。

十四、金边大花六道木

植物名称：金边大花六道木（*Abelia grandiflora* 'Francis Mason'）

别名：金叶大花六道木

科属：忍冬科六道木属

形态特征：常绿灌木（图 6-14）。小枝细圆，阳面紫红色，弓形；叶小，长卵形，边缘具疏浅齿，在阳光下呈金黄色，光照不足则叶色转绿；圆锥状聚伞花序，花小，白色带粉，繁茂而芬芳，花期 6 月到 11 月。

生长习性：适应能力强，耐阴、耐寒，在酸性、中性或偏碱

图 6-14

性土壤中均能良好生长，且有一定的耐旱、耐瘠薄能力。萌蘖力强，耐修剪。

产地与分布：原产于法国等地，我国中部、西南部及长江流域有引种栽培。适生范围广，可在华东、西南及华北等地区露地栽培。

（一）繁殖技术

采用扦插繁殖。扦插基质以透气性强、滤水性好的珍珠岩、黄沙为主。为提高成活率，可在其中添加一定比例的泥炭和草木灰。冬季或早春用成熟枝扦插，当年即可开花；春、夏、秋季用半成熟枝或嫩枝扦插，并用吲哚丁酸处理插穗 10~15 秒，插入穴盘即可，通过控制水分、增加光照、通风等措施来提高苗木的抗性和对外适应力。

（二）栽培管理

苗木出齐后，撤除草帘，宜选择阴天或早晨以及傍晚浇水，床面要经常保持湿润，浇水要少量多次。

1. 间苗

当幼苗长出 2~4 片真叶时，进行第一次间苗，15~20 天后，进行第二次间苗，间除病弱苗、过密的双株苗，使苗木分布均匀。间苗后要及时浇水，防止苗木根系透风，影响生长。

2. 除草

全年除草 5~6 次，要保持床面无杂草。

3. 追肥

为了苗木能迅速生长，在苗木速生期，追施 2 次氮肥，追肥后要用清水洗净苗木茎叶，避免烧伤。

4. 主要病虫害

煤污病、蚜虫。

（三）园林用途

金边大花六道木是既可观花又可赏叶的优良彩叶花灌木品种。适生范围广，可作为花篱或丛植于草坪，也可作树林下木等。

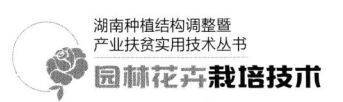

第三节　落叶木本花卉

一、合欢

植物名称：合欢（*Albizzia julibrissin* Durazz.）

别名：绒花树、马樱花、夜合树

科属：豆科合欢属

形态特征：落叶乔木，树冠扁球或伞形，枝条开展，粗大疏生；树皮褐灰色，浅纵裂；二回偶数羽状复叶，互生，羽片对生，小叶镰刀状，夜合昼展，故名"合欢"或"夜合树"；头状花序排成伞房状，花丝粉红色，花萼管状（图6-15）；荚果扁平。花期6月到7月，果期8月到10月。

图 6-15

生态习性：阳性，喜光，不耐水湿，树干皮薄畏暴晒，耐寒，好生于湿润之地，但在砂质土及干燥气候情况下也能生长。对有害气体、烟尘抗性较强。

产地与分布：原产于美洲南部，我国黄河流域至珠江流域均有分布。

（一）繁殖技术

合欢常采用播种繁殖，于9月到10月采集种子后干藏到翌年3月到4月春播，播前2周需用高锰酸钾冷水溶液浸泡2小时，捞出后用清水冲洗干净置于热水中浸种30秒，24小时后可开沟条播，覆土2~3厘米，播后保持畦土湿润，约10天发芽。

（二）栽培管理

苗出齐后，应加强除草松土追肥等管理工作。育苗时应适当密植，并及时修剪侧枝，或对第一年的弱苗进行截干，促其生长粗壮，主干通直。移植时宜在芽萌动时进行，成活率高。

苗期要做好定苗、除草、施肥等工作。定苗后结合灌水追施淡薄有机肥和化肥。8月上旬以前要以施氮肥为主，后期以施用氮、磷、钾等复混肥为主，由于合欢不耐水涝，故要在圃田内外开挖排水沟，做到能灌能排。

主要病虫害：溃疡病、枯萎病、天牛、粉蚧、翅蛾。

（三）园林用途

宜作庭荫树、行道树。对有毒气体抗性强，是街道、厂矿污染地区优良绿化树种。

二、玉兰

植物名称：玉兰（*Magnolia denudata* Desr.）

别名：白玉兰、望春、玉兰花、玉堂春

科属：木兰科木兰属

形态特征：落叶乔木。树冠宽卵形，树皮淡灰褐色，幼枝及芽均有灰黄色长绢毛；叶纸质，倒卵状长椭圆形，花白色，硕大单生于枝顶（图6-16）；蓇葖果熟时种子裂开，形如扭曲的红色麻花，可榨油。花期2月到3月，果熟期8月到9月。

图 6-16

生态习性：玉兰性喜光，较耐寒，可露地越冬。耐干燥，忌低湿，栽植地渍水易烂根。喜肥沃、排水良好而带微酸性的砂质土壤，在弱碱性的土壤上亦可生长。玉兰花对有害气体的抗性较强。

产地与分布：产于江西、浙江、河南、湖南、贵州。生于海拔500~1000米的林中。现中国各大城市园林广泛栽培。

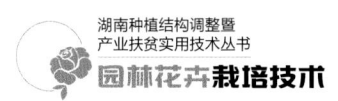

种类及品种：

紫玉兰（*Magnolia liliiflora* Desr.）：落叶灌木，常丛生，树皮灰褐色，小枝绿紫色或淡褐紫色；叶椭圆状倒卵形或倒卵形；花蕾卵圆形，被淡黄色绢毛；花叶同时开放，花单生于枝顶，钟状，稍有香气；花色有粉红色、深红色、淡紫色、紫红色等，花瓣椭圆状倒卵形；聚合果深紫褐色，圆柱形。花期3月到4月，果期8月到9月。

二乔木兰（*Magnolia soulangeana* Soul.-Bod.）：是由紫玉兰和玉兰自然杂交而出，花色比紫玉兰要淡，介于两亲本之间，外面粉红色或淡紫色，里面白色，是著名的庭园观赏品种。

红花玉兰（*Magnolia wufengensis* L. Y. Ma et L. R. Wang）：落叶乔木，花被片9，近相等，整个花被片内外为均匀的红色，叶柄较长。

（一）繁殖技术

1.播种

当蓇葖转红绽裂时即采。采下蓇葖后经薄摊处理，将带红色外种皮的果实放在冷水中浸泡搓洗，取出种子晾干，层积沙藏，于翌年2到3月播种。培育大苗者于次春移栽，适当截切主根，重施基肥。定植2~3年后，即可进入盛花期。

2.嫁接

通常砧木是紫玉兰、山玉兰等木兰属植物，方法有切接、劈接、腹接、芽接等，劈接成活率高，生长迅速。晚秋嫁接较之早春嫁接成活率更有保障。

3.扦插

扦插时间对成活率的影响很大，一般5月到6月进行，插穗以幼龄树的当年生枝成活率最高。用萘乙酸浸泡基部6小时，可提高生根率。

4.压条

紫玉兰最宜用此法，选生长良好植株，取粗1~2年生枝作压条，压条时间2~3月。压后当年生根，与母株相连时间越长，根系越发达，成活率越高。定植后2~3年即能开花。

（二）栽培管理

1. 土壤

种植地势高，以透水性强的肥沃、湿润、排水良好的微酸性土壤为佳，最好是砂壤土。

2. 水肥

玉兰既不耐涝也不耐旱。在栽培过程中，应该使土保持湿润。在生长季节里，可每月浇 1 次水，雨季应停止浇水，在雨后要及时排水，防止因积水而导致烂根，此外还应该及时进行松土保墒。玉兰喜肥，除在栽植时施用基肥外，此后每年都应施肥，分 4 次进行，花前施用 1 次氮、磷、钾复合肥，能提高开花质量，且有利于春季生长，施肥量宜大。

主要病虫害：炭疽病、黄化病、叶片灼伤病、大蓑蛾、霜天蛾、红蜘蛛、天牛、蛴螬。

（三）园林用途

适植于庭前、屋后、窗边、路旁、亭榭之周。成片种植在常绿树林缘。宜作庭荫树、行道树等。

三、樱花

植物名称：樱花（*Cerasus* sp.）

科属：蔷薇科樱属

形态特征：落叶小乔木。树冠球形、扁球形；树皮灰色，小枝淡紫褐色，无毛，嫩枝绿色，被疏柔毛；叶片椭圆卵形或倒卵形，渐尖，边有尖锐重锯齿，叶面深绿色，背面淡绿色；花序伞形总状，花瓣白色或粉红色，椭圆卵形，全缘二裂（图 6-17）；核果近球形，黑色。花期 4 月，果期 5 月。

图 6-17

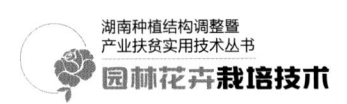

生态习性：性喜阳光和温暖湿润的气候条件，有一定的抗寒能力。对土壤的要求不严，宜在疏松肥沃、排水良好的砂质壤土上生长，但不耐盐碱土。根系较浅，忌积水低洼地。有一定的耐寒和耐旱力，但对烟及风抗性弱，因此不宜种植有台风的沿海地带。

产地与分布：华北南部，长江流域，西北地区。

种类及品种：

染井吉野樱（*Prunus × yedoensis*）：早樱品种，花先叶开放，花朵有 5 枚花瓣，花色在花朵刚绽放时是淡红色，在完全绽放时会逐渐转白。

关山樱（*P. lannesiana Alborosea*）：俗称"红缨""日本晚樱"。在中国广泛栽种，花期 3 月底或 4 月初，花叶同开。花浓红色，重瓣约 30 枚，2 枚雌蕊叶化，因此不能结实。

垂枝樱花（*Cerasus yedoensis*）：小枝长而下垂。

（一）繁殖技术

以播种、扦插和嫁接繁育为主。

1. 播种

有结实樱花种子采后就播，不宜干燥，因种子有休眠。湿沙层积后翌年春播，以培育实生苗作嫁接之用。

2. 扦插

在春季用一年生硬枝，夏季用当年生嫩枝。扦插可用萘乙酸处理，苗床需遮阴保湿与通气。

3. 嫁接

嫁接可用樱桃或山樱桃作砧木，于 3 月下旬切接或 8 月下旬芽接均可。接活后经 3~4 年的培育，可出圃栽种。樱花也可高枝换头嫁接，将削好的接穗用劈接法插入砧木，用塑料袋缠紧，套上塑料袋以保温防护，使之成活率高，可用来更换新品种。

（二）栽培管理

定植后苗木易受旱害，保持土壤潮湿但无积水。灌后及时松土，最好用草将地表薄薄覆盖，减少水分蒸发。在定植后 2~3 年，为防止树干干燥，可用稻草包裹。

樱花每年施肥 2 次，以酸性肥料为好。一次是冬肥，在冬季或早春施用豆饼、鸡粪和腐熟肥料等有机肥；另一次在落花后，施用硫酸铵、硫酸亚铁、过磷酸钙等速效肥料。采取穴施的方法，樱花根系分布浅，要求排水透气良好，要防止树周围的土板结。

主要病虫害：流胶病、根瘤病、蚜虫、红蜘蛛、介壳虫

（三）园林用途

樱花为重要的观花乔木，宜庭院孤植或丛植欣赏，园林中宜片植于开阔草地边缘、坡地或林缘地带，盛花季节灿若云锦，蔚为壮观。

四、梅

植物名称：梅（*Armeniaca mume* Sieb.）

别名：梅树、梅花

科属：蔷薇科杏属

形态特征：落叶小乔木稀灌木，树冠开张，树皮浅灰色或带绿色，平滑；小枝绿色，光滑无毛；叶互生，卵形或椭圆形，叶边常具小锐锯齿，灰绿色；花单生或 2 朵簇生，白、红、粉等色，变化较多，香味浓，花梗短，先于叶开放，单瓣或重瓣，萼片明显（图 6-18）；果实近球形；花期冬、春季，果期 5 月到 6 月。

图 6-18

生态习性：阳性，喜温和湿润气候，较耐寒，不耐涝，对土壤要求不严，忌在风口栽培。

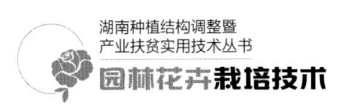

产地与分布：全国各地均有栽培，但以长江流域以南的省份栽培最多。

（一）繁殖技术

最常用的繁殖方式是嫁接、扦插，压条次之、播种更次之。

嫁接砧木可选用桃、山桃、杏、山杏及梅的实生苗，其中杏、山杏为优良砧木，嫁接成活率高，且耐寒力强。江南地区多在 3 月到 4 月份早春发芽前进行腹接、切接，或在秋分前后进行腹接。嫁接后如遇干旱要适当浇水，多雨季节要开沟排水，多风天气要防止接芽枯萎或接枝处因刮风而断裂，并要随时剪除砧木上萌生的蘖芽及剪砧。

芽接也是梅花常用的繁殖方法，多于 7 月到 8 月进行。芽接节省接穗，方法简便，适合在砧木和接穗细小的情况下采用，成活率较高，可采用"T"字形芽接法。

（二）栽培管理

露地栽植应选择在土质疏松、排水良好、通风向阳的高燥地，成活后一般天气不旱不必浇水。每年施肥 3 次，入冬时施基肥，以提高越冬防寒能力及备足明年生长所需养分，花前施速效性催花肥，新梢停止生长后施速效性花芽肥，以促进花芽分化，每次施肥都要结合浇水进行。冬季北方应采取适当措施进行防寒。地栽尤应注意修剪整形，以自然开心形为宜。修剪一般宜轻度，疏剪为主，短截为辅。此外，平时应加强管理，注意中耕、灌水、除草、防治病虫害等。

主要病虫害：炭疽病、黄化病、流胶病、桃粉大蚜、黄褐天幕毛虫、蚧壳虫。

（三）园林用途

园林中常以梅作为主要造景素材，或孤植，或丛植；成片种植亦蔚然壮观；古拙风致者还可制盆景。

五、紫叶李

植物名称：紫叶李〔*Prunus cerasifera* Ehrhar f. atropurpurea（Jacq.）Rehd.〕

别名：红叶李

科属：蔷薇科李属

形态特征：落叶灌木或小乔木，枝条细长、开展，暗灰色，幼枝、叶片、花柄、花萼、雌蕊及果实都呈暗红色；叶片椭圆形或卵形，端尖，边缘有圆钝锯齿；花单生，白色至淡粉红色（图6-19）；核果近球形，花期4月，果期8月。

图 6-19

生态习性：喜光，在庇荫条件下叶色不鲜艳。喜较温暖、湿润的气候，不耐寒。较耐湿，可在黏性土壤生长。根系较浅。萌枝力较强，生长旺盛。

产地与分布：我国华东、华中、华北、西北、西南地区均有。

（一）繁殖技术

紫叶李实生苗叶片多为绿色，一般采取无性繁殖，常采用的繁殖方法有芽接法、高空压条法和扦插法。

1. 芽接

芽接法砧木可用桃、李、梅、杏、山桃、山杏、毛桃和紫叶李的实生苗，相比较而言，桃砧生长势旺，叶色紫绿，但怕涝。6月中下旬，选用饱满、肥实，无干尖和病虫害的接芽进行嫁接。嫁接成活后1~2年就可出圃定植。

2. 高空压条

选择树势较强，无病虫害的植株。在春季4月中旬到5月中旬进行压条操作，秋末落叶后，将压条在泥球下部剪断，剪开塑料袋后进行移栽。

3. 扦插法

一般在11月下旬到12月中旬，以当年生健壮枝条的插穗扦插，可蘸浸一定的生根剂，晾干后即可扦插。

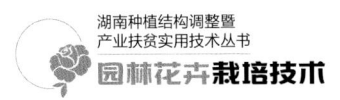

（二）栽培管理

紫叶李喜湿润环境，浇水要浇透，雨季也要注意水大烂根。

紫叶李喜肥，栽植时在坑底施入适量腐熟发酵的圈肥作为基肥。紫叶李虽喜肥，但每年只需要在秋末施1次复合肥，而且要适量，否则会使叶片颜色发暗。

主要病虫害：红蜘蛛、刺蛾、布袋蛾、叶跳蝉、蚜虫、介壳虫。

（三）园林用途

紫叶李叶常年紫红色，是著名观叶树种，孤植、群植皆宜，能衬托背景。

六、红枫

植物名称：红枫（*Acer palmatum* 'Atropurpureum'）

别名：紫红鸡爪槭、红枫树、红叶、小鸡爪槭、红颜枫

科属：槭树科槭树属

形态特征：红枫树姿开张，小枝细长。树皮光滑，呈灰褐色。单叶交互对生，常丛生于枝顶。叶掌状深裂，裂深至叶基，裂片长卵形或披针形，叶缘锐锯齿。春、秋季叶红色，夏季叶紫红色。嫩叶红色，老叶紫红色（图6-20）。伞房花序，顶生，杂性花。花期4月到5月。翅果，幼时紫红色，成熟时黄棕色，果核球形。果熟期10月。

图6-20

生态习性：落叶灌木或小乔木，红枫性喜湿润、温暖的气候和凉爽的环境，较耐阴、耐寒，忌烈日暴晒，属中性偏阴树种。红枫虽喜温暖，但比较耐寒。适宜在肥沃、富含腐殖质的酸性或中性砂壤土中生长，不耐水涝。

产地与分布：主要分布在中国亚热带，日本及韩国等，我国大部分地区均有栽培。

种类及品种：

中国红枫（*cappadocicum*），又名紫红鸡爪槭、红枫树、红叶、小鸡爪槭。落叶小乔木，枝条光滑细长，单叶，掌状互生，叶片长椭圆形至披针形，叶缘有重锯齿，幼枝、叶柄、花柄都为红色。

日本红枫（*Acer palmatum* Thunb.），又名日本红丝带。落叶小乔木或灌木，树冠呈扁圆或伞形，叶片呈掌状深裂，单叶互生，叶片先端尖锐，叶缘有锯齿，叶色紫色或红色。

美国红枫（*Acer rubrum* L.），又名红花槭、北方红枫、北美红枫、沼泽枫、加拿大红枫。落叶乔木。3月末至4月开花，花为红色，稠密簇生，少部分微黄色。

（一）繁殖技术

1. 嫁接

用2~4年生的实生苗作砧木，切接宜在3月到4月进行；靠接在5月到6月梅雨季节进行，秋季落叶后切离。芽接应用最为普遍，每年5月下旬到6月下旬和秋后8月下旬到9月下旬是最佳时间。初夏是枝条生长旺期，利用红枫当年生向阳健壮短枝上的饱满芽，带1厘米长叶柄作接芽。

2. 扦插

扦插一般在6月到7月梅雨时期进行。选当年生壮枝作插条，沾萘乙酸粉剂，扦入基质中。注意遮阴保湿，大约1个月后可陆续生根。如有全光喷雾的条件，选用二年生的枝条也能生根，且成活率高。移植后要进行遮阴，半月后可逐步接受阳光，并要加强水肥管理。

（二）栽培管理

1. 土壤

对土壤要求不严，在土壤pH值5.5~7.5的范围内均能适应，适宜在肥沃、富含腐殖质的酸性或中性砂壤土中生长。

2. 浇水

红枫生长过程中喜湿润，但是，除夏季浇水要充足外，平时浇水不能

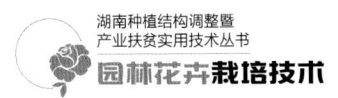
过多。

3. 光照

红枫喜温暖，春秋可接受全日照，入夏后避免中午烈日直射，干燥高温时要适当喷水降温增湿。

4. 温度

红枫虽喜温暖，也比较耐寒，在黄河流域一带，冬季气温低达 −20℃，但只要环境良好，仍可露地越冬。黄河以北的地区，则宜盆栽，冬季入室为宜。

5. 主要病虫害

褐斑病、白粉病、锈病、蚜蟥、蝼蛄、金龟子、刺蛾、蚜虫。

（三）园林用途

可盆栽，亦可在各式庭院绿地、草坪、亭台假山、宅旁以及池畔栽植，还可作为行道树种植。

七、榆叶梅

植物名称：榆叶梅（*Amygdalus triloba*）

别名：榆梅、小桃红、榆叶鸾枝

科属：蔷薇科李属

形态特征：榆叶梅短枝上的叶常簇生，一年生枝上的叶互生；叶片宽椭圆形至倒卵形，基部宽楔形，叶边具粗锯齿或重锯齿；花期4月，萼筒宽钟形，萼片卵形或卵状披针形，无毛，花单瓣、重瓣或半重瓣，花色粉红、紫红或白色，花瓣近圆形或宽倒卵形（图6-21）；果实近球形，红色，成熟时开裂，核近球形，具厚硬壳，果期5月到7月。

图 6-21

生态习性：落叶灌木，稀为小乔木。榆叶梅抗性强，根系发达，耐旱力强，比较耐寒、耐瘠薄，具一定的耐盐碱能力，对土壤要求不严，以中性或微碱性而肥沃土壤为佳。不耐涝，怕积水，喜光，在庇荫条件下生长不良，生于中低海拔的坡地或沟旁。

产地与分布：榆叶梅原产于我国华北各省及华东部分地区，现华北庭院广为栽培，中国各地多数公园内均有栽植。

种类及品种：截叶榆叶梅、单瓣榆叶梅、半重瓣榆叶梅、重瓣榆叶梅、鸾枝榆叶梅。

（一）繁殖技术

榆叶梅可以采取嫁接、分生、播种、压条等方法繁殖，但以嫁接效果最好。嫁接所用的砧木较多，榆叶梅实生苗、山桃、毛桃、杏、梅、樱桃等。嫁接可在 7 月到 8 月采用丁字形芽接，翌春剪砧，当年即可成苗。也可于早春 3 月中下旬，冬芽开始膨大时进行切接或劈接，成活率都很高。春天切接，要进行培土或者用塑料袋将接穗连同接口套起来，一般 15~20 天即可成活。砧木上出现萌蘖后要及时剪除。气温较高时，应逐渐打开塑料袋以通风降温。

（二）栽培管理

1. 土壤

榆叶梅对土壤要求不严，在深厚肥沃、疏松的砂质壤土和腐殖较多的微酸性土壤中生长良好，也可耐轻度盐碱土，以通气良好的中性土壤生长最佳，忌低洼雨涝和排水不良的黏性土，重黏土和盐碱度偏高的土壤不宜选作育苗地。

2. 光温

榆叶梅喜阳光，应栽种于光照充足的地方，在光照不足的地方栽植，植株瘦小而花少，甚至不能开花；

3. 浇水

榆叶梅喜湿润环境，但也较耐干旱。移栽的头一年应特别注意水分的管

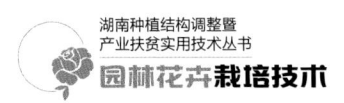

理，在夏季要及时供给植株充足的水分，防止因缺水而导致苗木死亡。在进入正常管理后，要注意浇好 3 次水，即早春的返青水（应在 3 月初进行），仲春的生长水，初冬的封冻水。

4. 施肥

榆叶梅喜肥，定植时可施用腐熟的牛马粪作底肥，从第二年进入正常管理后可于每年春季花落后，夏季花芽分化期和入冬前各施 1 次肥。

5. 主要病虫害

黑斑病、根癌病、叶斑病、蚜虫、红蜘蛛、刺蛾、介壳虫、叶跳蝉、芳香木蠹蛾、天牛。

（三）园林用途

是园林、街道、路边等重要的绿化观花灌木树种。适宜种植在公园的草地、路边或庭园中的角落、水池边等地。

八、紫薇

植物名称：紫薇（*Lagerstroemia indica* L.）

别名：痒痒花、痒痒树、紫金花、紫兰花、蚊子花、西洋水杨梅、百日红、无皮树

科属：千屈菜科紫薇属

形态特征：树皮平滑，灰色或灰褐色；枝干多扭曲，小枝纤细，具 4 棱。叶互生或有时对生，椭圆形、阔矩圆形或倒卵形。花色玫红、大红、深粉红、淡红色或紫色、白色，常组成 7~20 厘米的顶生圆锥花序；花瓣皱缩，具长爪（图 6-22）；蒴果椭圆状球形或阔椭圆形，幼时绿色至黄色，成熟时或干燥时呈紫黑色，室背开裂；种

图 6-22

子有翅。花期6月到9月，果期9月到12月。

生态习性：为落叶灌木或小乔木，紫薇喜暖湿气候，喜光，略耐阴，半阴生，喜肥，尤喜深厚肥沃的砂质壤土，比较耐干旱，忌涝，忌种在地下水位高的低湿地方，性喜温暖，比较抗寒，萌蘖性强。紫薇还具有较强的抗污染能力，对二氧化硫、氟化氢及氯气的抗性较强。不论是长在钙质土还是酸性土上都生长良好。

产地与分布：紫薇原产于中国，主要分布在江苏、山东、浙江、安徽、河北、河南、湖南、湖北、江西、北京、天津等省市。

种类及品种：常见的有矮紫薇、蔓生紫薇、银薇、赤薇、翠薇等品种，矮紫薇以日本矮紫薇性状比较稳定。翠薇花蓝紫色，叶色暗绿。赤薇花火红色。银薇花白色或微带淡黄色，叶色草绿。红火球花瓣密集，花量大。晴热天为猩红色，多云凉爽天气则为亮红色，有时还带有白色的边，美丽多彩，是极其少见的大红紫薇品种。

（一）繁殖技术

紫薇可采取播种、扦插、压条、分株、嫁接等方法繁殖。

1. 播种

播种前对种子进行消毒。冲洗干净后将种子放入温水中浸泡2~3天，浸泡后捞出种子晾干。3月到4月播种，将种子均匀撒入已平整好的苗床，播种后覆盖细土，出土后加强管理，次年早春时节即可移栽。

2. 扦插

可分为嫩枝扦插和硬枝扦插。嫩枝扦插一般在7月到8月进行，选择半木质化的枝条，插后灌透水；硬枝扦插一般在3月下旬到4月初枝条发芽前进行。在长势良好的母株上选择粗壮的一年生枝条，扦插后灌透水。

3. 压条

压条繁殖在紫薇的整个生长季节都可进行，以春季3月到4月较好。

4. 分株

早春3月将紫薇根际萌发的萌蘖与母株分离，另行栽植，浇足水即可成活。

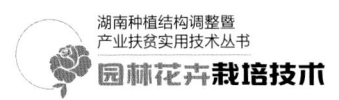

5. 嫁接

在每年春季紫薇枝条萌芽前，选择粗壮的实生苗作砧木。将接穗稍厚的一面插入砧木劈口并对准形成层，然后用塑料薄膜将整个穗条枝全部包扎好，露出芽头。嫁接 2~3 个月后解膜。

（二）栽培管理

1. 土壤

宜选择深厚肥沃的砂质壤土，不宜种在地下水位高的低湿地块，在钙质土或酸性土上都能生长良好。

2. 光照

紫薇喜阳光，生长季节必须保证光照充足。

3. 浇水

适时浇水，保持土壤湿润，干旱高温季节可适当增加浇水次数。

4. 施肥

定期合理施肥，春夏生长旺季需多施肥，入秋后少施，冬季进入休眠期可不施。雨天和夏季高温的中午不要施肥，施肥浓度以"薄肥勤施"为原则。

5. 主要病虫害

白粉病、煤污病、紫薇褐斑病、紫薇长斑蚜、紫薇绒蚧、叶蜂、黄刺蛾。

（三）园林用途

在园林绿化中，被广泛用于公园绿化、庭院绿化、道路绿化、街区城市等，在实际应用中可栽植于建筑物前、院落内、池畔、河边、草坪旁及公园中小径两旁。也是作盆景的好材料。

九、海棠

植物名称：海棠（*Malus spectabilis*）

别名：海棠花、木瓜

科属：蔷薇科苹果属木瓜属

形态特征：树皮灰褐色，光滑。叶互生，椭圆形或长椭圆形，先端尖或圆钝，基部楔形，边缘有细锯齿，表面深绿色而有光泽，幼嫩时上下两面具稀疏短柔毛。木瓜属花单生于短枝端，花瓣倒卵形，淡红色（图6-23），果实长椭圆体形；苹果属花序近伞形，果实近球形。花期4月到5月，果期8月到10月。

图6-23

生态习性：海棠对土壤要求不严，以土层深厚、排水良好的砂壤土为宜，在微酸性或微碱性土壤中均能生长，但忌过度盐碱。喜光，不耐阴，属阳性树种。比较耐干旱，怕积水。比较耐寒。

产地与分布：海棠原产于中国，在山东、河南、陕西、安徽、江苏、湖北、四川、浙江、江西、广东、广西等省（区）均有栽培，华北、东北部分省市亦有栽培。

种类及品种：

苹果属主要有海棠花（*M. spectabilis*）、西府海棠（*M. micromalus* Makino）、垂丝海棠（*M. halliana* Koehne）等。此为园林观赏的主要品种。

木瓜属主要有贴梗海棠（*Chaenomeles speciosa*），木瓜海棠（*Chaenomeles cathayensis* Schneid.）等。

（一）繁殖技术

海棠主要采用嫁接、分株、压条和根插等方法进行繁殖。

1.嫁接

嫁接海棠所用的砧木以播种繁殖的实生苗为砧木，进行枝接或芽接。春季发芽前进行枝接，7月到9月可以进行芽接。枝接可用切接、劈接等法。接穗选取发育良好的一年生枝条，接后用细土盖住接穗。

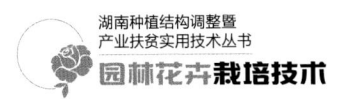

2. 分株

于早春萌芽前或秋冬落叶后进行，挖取从根际萌生的蘖条，分切成若干单株，或将 2~3 条带根的萌条为一簇，进行移栽。分栽后要及时浇透水，注意保墒，必要时予以遮阴。旱时浇水。

3. 压条和根插

均在春季进行。小苗可攀枝着地，压入土中，大苗用高压法，压泥处均用利刀割伤，不论地压或高压都要保持土壤湿润，待发根后割离母株分栽。根插主要在移栽挖苗时进行，将较长较粗的主根剪成 10~15 厘米的小段，浅埋土中，上面盖草保湿，易于成活。

（二）栽培管理

1. 土壤

海棠可地栽可盆栽，时期以早春萌芽前或初冬落叶后为宜。对土壤要求不严，在微酸性或微碱性土壤中均能正常生长，比较耐盐碱、耐干旱，怕积水，但以土层深厚、排水良好的砂壤土最为适宜。

2. 光温

海棠喜光照，不耐阴，宜植于向阳地带，比较耐寒，一般均能露地越冬。

3. 浇水

保持土壤湿润，以不积水为准，春夏生长期应多浇水，夏季高温时早晚浇 2 次水，秋季减少浇水量，抑制生长，有利于越冬。

4. 施肥

在深秋或冬季施 1 次较浓的有机肥，花前要追施 1~2 次磷氮混合肥，以后每隔半个月追施 1 次稀薄磷钾肥。肥水一般不宜过足，施肥时间与施肥量都应注意适当控制。

5. 主要病虫害

茎腐病、褐斑病、锈病、蚜虫、红蜘蛛、蓟马、网蝽、刺蛾、天牛

（三）园林用途

海棠花常植人行道两侧、亭台周围、丛林边缘、水滨池畔等。在园林中常与玉兰、牡丹、桂花相配植，形成"玉棠富贵"的意境。

十、紫荆

植物名称：紫荆（*Cercis chinensis*）

别名：裸枝树、紫珠

科属：豆科紫荆属

形态特征：树皮和小枝灰白色。叶近圆形或三角状圆形，嫩叶绿色，叶柄略带紫色，叶缘膜质透明。花紫红色或粉红色（图6-24）。荚果扁狭长形，绿色；种子阔长圆形，黑褐色。花期3月到4月，果期8月到10月。

生态习性：为落叶灌木或乔木。紫荆喜光，在光照充足处生长旺盛，稍耐阴，比较耐寒，喜

图 6-24

肥沃、排水良好的砂质壤土，在黏质土中多生长不良。有一定的耐盐碱力，不耐涝，在低洼处种植极易因根系腐烂而死亡。

产地与分布：产于我国东南部，北至河北，南至广东、广西，西至云南、四川，西北至陕西，东至浙江、江苏和山东等省区均有栽培。

种类及品种：

白花紫荆（*Cercis chinensis* f. *alba*），是紫荆的变种，花朵白色，主要分布在安徽、江苏、浙江、湖北、四川、贵州等省。

巨紫荆（*Cercis gigantea*），为落叶大乔木，该品种初花期早、花序密集、花量繁多、单花较大、花色整齐一致、颜色深艳、呈玫红色。

129

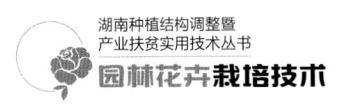

短毛紫荆（*Cercis chinensis* f. *pubescens*），主要分布在昆明、江苏、浙江、安徽、湖北、贵州等地区。

（一）繁殖技术

紫荆可播种、分株、扦插、压条和嫁接繁殖，但以播种较为常用。

1. 播种

10 月果实成熟，去荚净种后干藏。选择便于排灌、肥沃疏松的砂壤土育苗。翌春 4 月，将种子于温水中浸泡 24 小时后条播。播后灌水，出苗后加强管理。

2. 分株

紫荆根部易产生根蘖。秋季 10 月份或春季发芽前用利刀斩断蘖苗和母株连接的侧根另植，容易成活。秋季分株的应假植保护越冬，春季 3 月定植。一般第二年可开花。

3. 扦插

一般在夏季生长季节进行，剪当年生的嫩枝作插穗，插于沙土中也可成活，但生产中不常用。

4. 压条

生长季节都可进行，以春季 3~4 月较好。空中压条法可选 1~2 年生枝条，用利刀刻伤并环剥树皮，将生根粉液涂在刻伤部位，待干后用筒状塑料袋套在刻伤处，浇水后两头扎紧即可。

5. 嫁接

可用长势强健的普通紫荆、巨紫荆作砧木，但由于巨紫荆的耐寒性不强，故北方地区不宜使用。以加拿大红叶紫荆等优良品种的芽或枝作接穗，可在 4~5 月和 8~9 月用枝接的方法，7 月用芽接的方法进行。如果天气干旱，嫁接前 1~2 天应灌 1 次透水，以提高嫁接成活率。

（二）栽培管理

1. 土壤

紫荆喜肥沃、排水良好的砂质壤土，在黏质土中多生长不良。有一定的耐盐碱力，不耐涝，因此不宜种植在低洼排水不良的地块。

2. 光温

紫荆喜光，在光照充足处生长旺盛，应选择光照充足的地块栽培，紫荆有一定的耐寒性，一般可露地越冬。

3. 浇水

紫荆喜湿润环境，种植后应立即浇头水，以保持土壤湿润不积水为宜。夏天及时浇水，并可叶片喷雾，雨后及时排水，防止烂根。入秋后如气温不高应控制浇水，防止秋发。入冬前浇足防冻水。翌年3月初浇返青水。

4. 施肥

紫荆喜肥。应在定植时施足底肥，以腐叶肥、圈肥或烘干鸡粪为好，与种植土充分拌匀再用，否则容易伤根。正常管理后，每年花后施1次氮肥，促长势旺盛，初秋施1次磷钾复合肥，利于花芽分化和新生枝条木质化后安全越冬。初冬结合浇防冻水，施用腐熟牛马粪。

5. 主要病虫害

紫荆角斑病、紫荆枯萎病、紫荆叶枯病、大蓑蛾、褐边绿刺蛾、蚜虫。

（三）园林用途

可与绿树配植，或栽植于公园、庭院、草坪、建筑物前，观赏效果极佳。它对氯气有一定的抵抗性，滞尘能力强，是工厂、矿区绿化的好树种。

十一、碧桃

植物名称：碧桃（*Prunus persica* var. *duplex*）

别名：粉红碧桃、千叶桃花

科属：蔷薇科李属

形态特征：落叶小乔木。树冠宽广而平展，树皮暗红褐色，老时粗糙呈鳞片状，小枝细长，无毛，有光泽，绿色，向阳处转变成红色，具大量小皮孔；叶片长圆披针形、椭圆披针形或倒卵状披针形（图6-25）；花单生，萼筒钟形，被短柔毛，或无毛，果实形状和大小均有变异，卵形、宽椭圆形或扁圆形。

图 6-25

生态习性：碧桃性喜阳光，耐旱，不耐潮湿的环境。喜欢气候温暖的环境，耐寒性好，要求土壤肥沃、排水良好。怕积水。花期3月到4月，果实8月到9月。

产地与分布：原产于中国，分布在西北、华北、华东、西南等地。现世界各国均已引种栽培。

种类及品种：

白碧桃：又名白玉，着花密，花洁白如玉，半重瓣，花瓣椭圆形。

撒金碧桃：半重瓣及重瓣品种花瓣长圆形，常呈卷缩状，在同一花枝上能开出两色花，多为粉色或白色。

寿星碧桃：属矮化种，花小型、复瓣，白色或红色，枝条的节间极短，花芽密生。

垂枝碧桃：枝条柔软下垂，花重瓣，有浓红、纯白、粉红等色。

红叶碧桃：花桃红色，重瓣，叶呈紫红色，幼叶鲜红色。

红花碧桃：花色大多数为深粉红或者红色，半重瓣。

（一）繁殖技术

一般采用嫁接法繁殖。碧桃母树要选健壮而无病虫害、花果优良的植株，选粗壮、芽眼饱满的当年新梢枝为接穗。一般采用芽接，芽接时间，南方以 6 月到 7 月中旬为佳，北方以 7 月到 8 月中旬为宜。芽接成活后加强管理，同时结合施肥，一般施复合肥 1~2 次，促使接穗新梢木质化，具备抗寒性能。

（二）栽培管理

1. 土壤

碧桃对土壤要求不严，以肥沃疏松、排水良好、中性或微碱性的砂质壤土为宜。不宜栽植在低洼易积水地块。盆栽可用河泥土或田园土掺拌 30%~40% 砻糠灰作为培养土。

2. 光温

碧桃喜光，栽植时应通风透光向阳，不要栽植在树冠浓郁的乔木旁；耐寒性较好，可在露地越冬。

3. 浇水

碧桃比较耐旱，怕积水，对水分要求不那么明显，因此，通常在早春及秋末各浇 1 次解冻水和封冻水，在其他季节一般不要浇水，在夏天高温季节若持续干旱，应适当浇水，如遇雨天应积极做好排水防涝工作。

4. 施肥

碧桃喜肥，但施肥也不宜过多，可用腐熟发酵的牛马粪作基肥，每年入冬前施一些饼肥，6 月到 7 月，可施 1~2 次速效磷、钾肥，以促进花芽分化。

5. 主要病虫害

缩叶病、流胶病、蚜虫、红蜘蛛。

（三）园林用途

在园林绿化中可用于山坡、水畔、石旁、墙际、庭院、草坪边栽植，也可盆栽、切花或作桩景。可列植、片植、孤植，当年即有比较好的绿化效果。碧桃是园林绿化中常用的苗木之一，通常和紫叶李、紫叶矮樱等苗木一起使用。

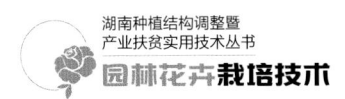
十二、木绣球

植物名称：木绣球（*Viburnum macrocephalum* Fort.）

别名：大绣球、斗球、荚蒾绣球、紫阳花、粉团花

科属：忍冬科荚蒾属

形态特征：落叶或半常绿灌木。树皮灰褐色或灰白色。叶卵形至椭圆形或卵状矩圆形，顶端钝或稍尖，基部圆或有时微心形，边缘有小齿，上面初时密被簇状短毛。萼筒筒状，无毛，花冠白色，花小，近圆形（图6-26）。

生态习性：性喜温暖、湿润和半阴环境。怕旱又怕涝，不耐寒。不可接受过强阳光直射，否则叶片

图6-26

易灼伤。对土壤要求不严，以湿润、肥沃、排水良好的壤土为宜，长势旺盛，萌芽力、萌蘖力均强。花期4月到5月。

产地与分布：原产于中国。长江流域、华中和西南、甘肃南部、陕西等地均有栽培。

种类及品种：

雪球荚蒾（*V. Plicatum* Thunb），聚伞花序球状，产于长江流域中下游，黄河以南栽培较多。

绣球荚蒾（*Viburnum macrocephalum* Fort.），花序为大型白色花朵，形状像绣球，江苏、浙江、江西和河北等省均有栽培。

（一）繁殖技术

木绣球常用扦插、压条和分株三种方式进行繁殖。

1. 扦插

每年4月到5月选取当年生发育健壮的嫩枝，插入疏松的土壤中，浇足

水，放在阴处养护，经常喷水保持湿润。秋季进行定植，第二年便可开花。

2. 压条

春季萌发前后，将二年生枝条刻伤，用筒状塑料袋套在刻伤处，装满疏松园土，浇水后两头扎紧即可。成活后当年夏季截断移植。

3. 分株

在早春萌发前进行，将植株的根茎部切割成若干个，分别种植。用这种方法繁殖当年就可以开花。

（二）栽培管理

1. 土壤

对土壤要求不严，以湿润、肥沃、排水良好的壤土为宜。对土壤酸碱度要求不严，但土壤酸碱度直接影响花色。

2. 光温

适宜半阴环境，忌强光直射，否则叶片易泛黄焦灼；木绣球性喜温暖，不耐寒，冬季温度过低时应采取保温措施。

3. 浇水

木绣球怕旱又怕涝，在生长季节，要浇足水分使土壤经常保持湿润状态。夏季天气炎热，蒸发量大，除浇足水分外，还要每天向叶片喷水。但也不宜过分浇水，防止积水，大雨过后应排水防涝。

4. 施肥

木绣球喜肥，应薄肥勤施，生长期间，一般每 15 天施 1 次腐熟稀薄饼肥水。孕蕾期增施 1~2 次磷酸二氢钾，能使花大色艳，叶黄可用硫酸亚铁溶液喷洒叶片，施用饼肥应避开高温天气，以免招致病虫害和伤害根系。

5. 主要病虫害

病毒病、炭疽病、褐斑病、灰霉病、角斑病、根结线虫病、蚜虫。

（三）园林用途

园林中常植于疏林树下、游路边缘、建筑物入口处，或丛植几株于草坪一角，或散植于常绿树之前都很美观。小型庭院中，可对植，也可孤植，墙

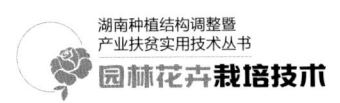

垣、窗前栽培也富有情趣。

十三、花石榴

植物名称：花石榴（*Punica granatum* L. var. *nana* Sweet）

别名：四季石榴、月季石榴

科属：石榴科石榴属

形态特征：落叶灌木或小乔木。树冠常不整齐，小枝长四棱形，刺状，普通花石榴植株较高大，矮生花石榴植株矮小，小枝细密而柔软，叶椭圆状披针形，在长枝上对生，短枝上簇生。叶色浓绿，油亮光泽。花萼硬，红色，肉质，开放之前成葫芦状。花朵小，朱红色，重瓣，花期长（图6-27）。果较小，古铜红色，挂果期长。

图6-27

生态习性：花石榴性喜温暖、阳光充足和干燥的环境，耐干旱，也较耐寒，不耐水涝，不耐阴，对土壤要求不严，以肥沃、疏松、排水良好的砂壤土最好。

产地与分布：花石榴原产于伊朗、阿富汗等国，在亚洲、非洲、欧洲沿地中海各地均有栽培，中国南北都有栽培。

种类及品种：花石榴是相对于果石榴而言的，它主要用于观花，但也可用于观果。按照其株形、花色及叶片的大小可分为普通花石榴和矮生花石榴。

（一）繁殖技术

花石榴常用扦插、分株和压条繁殖。

1. 扦插

春季选二年生枝条或夏季采用半木质化枝条扦插均可，插后15~20天生根。

2. 分株

可在早春 4 月芽萌动时，挖取健壮根蘖苗分栽。

3. 压条

春、秋季均可进行，不必刻伤，芽萌动前用根部分蘖枝压入土中，经夏季生根后割离母株，秋季即可成苗。

（二）栽培管理

1. 土壤

对土壤要求不严，以肥沃、疏松、排水良好的砂壤土最好。

2. 光温

光照和温度是影响花芽形成的重要条件。花石榴喜光照，生长期要求全日照，并且光照越充足，花越多越鲜艳。背风、向阳、干燥的环境有利于花芽形成和开花。

3. 浇水

浇水的关键时期主要是萌芽期、果实膨大期和落叶前三个时期。花石榴抗旱不抗涝，在生长季要注意排水，防止土壤长时间积水，引起涝害。

4. 施肥

定植当年 5 月到 7 月每月少量追 1 次肥，每株浇施腐熟粪水 1~2 千克加少量尿素。秋季落叶前挖环状沟，株施有机肥 20~30 千克。从第二年开始，每年采用环状沟施基肥 1 次，树盘穴施或撒施复合肥及腐熟粪水 3~4 次，同时，生长季注意叶面追肥，前期以氮肥为主，中后期以磷钾肥为主，肥液总浓度不超过 0.3%。盆栽 1 年至 2 年需换盆加肥。

5. 主要病虫害

干腐病、煤污病、黑斑病、棉蚜虫、介壳虫、茎窗蛾等。

（三）园林用途

可用于盆栽，树干别致，姿态优美。可孤植、丛植、群植于大片草坪、花坛中心、缓坡、平阔的湖池岸边、游廊、道路隔离带、绿化带等。

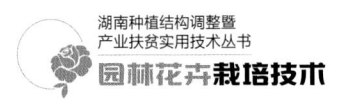

十四、木芙蓉

植物名称：木芙蓉（*Hibiscus mutabilis* Linn.）

别名：芙蓉花、拒霜花、木莲、地芙蓉、华木

科属：锦葵科木槿属

形态特征：高2~5米。小枝、叶柄、花梗和花萼均密被星状毛与直毛相混的细绵毛。叶宽卵形至圆卵形或心形，具钝圆锯齿，上面疏被星状细毛，下面密被星状细绒毛，常早落。花单生于枝端叶腋间，花初开时白色或淡红色，后变深红色，花瓣近圆形，外面被毛，基部具髯毛（图6-28）。蒴果扁球形，种子肾形，背面被长柔毛。

图 6-28

生态习性：木芙蓉为落叶灌木或小乔木。喜光，稍耐阴；喜温暖湿润气候，不耐寒，在长江流域以北地区露地栽植时，冬季地上部分常冻死，但第二年春季能从根部萌发新条，秋季能正常开花。喜肥沃湿润而排水良好的砂壤土。生长较快，萌蘖性强。对二氧化硫抗性特强，对氯气、氯化氢也有一定抗性。花期8月到10月。

产地与分布：原产于中国。我国辽宁、河北、山东、陕西、安徽、江苏、浙江、江西、福建、台湾、广东、广西、湖南、湖北、四川、贵州和云南等省区均有栽培。日本和东南亚各国也有栽培。

种类及品种：

白芙蓉：花白色，单瓣或半重瓣；

红芙蓉：花大红色，花大重瓣，酷似牡丹；

黄芙蓉：黄色花，钟状，花蕊暗紫色，花大重瓣，酷似牡丹，为稀有品种；

醉芙蓉：又名"三醉芙蓉"，清晨开白花，中午花转桃红色，傍晚又变成深红色，为稀有的名贵品种；

鸳鸯芙蓉：花色红白相间。

（一）繁殖技术

木芙蓉有扦插、压条、分株等繁殖方法。

1. 扦插

可在春季的 3 月至 4 月份，选取一年生健壮而充实的枝条，截成 10~15 厘米长的插条，插于砂土中 1/2 左右，在北方地区应罩上塑料薄膜保温保湿，1 个月左右可生根。

2. 压条

在 6 月至 7 月进行，将植株外围的枝条弯曲，压入土中，由于生根容易，不必刻伤，约 1 个月后生根，两个月后与母株分离，连根掘起，上盆在温室或地窖内越冬，翌年春天栽种。

3. 分株

分株繁殖宜于早春萌芽前进行，挖取分蘖旺盛的母株分割后另行栽植即可。

（二）栽培管理

1. 土壤

对土壤要求不严，但在肥沃、湿润、排水良好的砂质土壤中生长最好。

2. 光温

喜光，稍耐阴，过分荫庇则生长缓慢，枝条细长，影响花芽分化。盛夏宜略加遮阴。

3. 浇水

在春季萌芽期需要充足的水分。湖南露地栽培的木芙蓉管理粗放，因为自然的降水规律与其生长需水大致吻合，除盛夏季节，其他时间基本能满足其需要的水分。

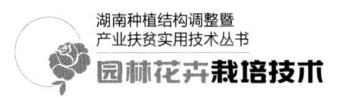
4. 施肥

整个生长期应施 2 次肥料。第一次在春季叶芽开始萌动前，施用尿素、磷肥和人粪尿，每株施入 1~3 千克肥。第二次在开花之际，施尿素，肥撒在树冠根部，然后浇水，每株撒 0.5 千克肥。

5. 主要病虫害

白粉病、角斑毒蛾、小绿叶蝉、大青叶蝉、朱砂叶螨、盾蚧、蚜虫、红蜘蛛等。

（三）园林用途

一般多在庭园栽植，可孤植、丛植于墙边、路旁、厅前等处。特别适合配植水滨。此外，也可植于坡地、路边、林缘及建筑前，或栽作花篱。

十五、腊梅

植物名称：腊梅（*Chimonanthus praecox*）

别名：蜡梅、黄梅花、雪里花、蜡木、蜡花、巴豆花

科属：蜡梅科蜡梅属

形态特征：高 2~4 米。茎丛出，多分枝，皮灰白色。叶对生，有短柄，不具托叶，叶片卵圆形、椭圆形或长圆状披针形，先端渐尖，全缘，基部楔形或圆形。花着生于第二年生枝条叶腋内，先花后叶，芳香，花被片圆形、长圆形、倒卵形、椭圆形或匙形（图 6-29）。瘦果，椭圆形，深紫褐色，疏生细白毛，内有种子 1 粒。

图 6-29

生态习性：为落叶灌木。腊梅性喜阳光，能耐半阴、耐旱，怕涝。花黄似蜡，浓香扑鼻，是冬季观赏主要花木。怕风，较耐寒，在不低于 −15℃

时能安全越冬，花期遇 -10℃低温，花朵受冻害。适宜生长于土层深厚、肥沃、疏松、排水良好的微酸性砂质壤土，在盐碱地上生长不良。花期 11 月到翌年 3 月，瘦果 7 到 8 月成熟。

产地与分布：腊梅原产于中国中部，山东、江苏、安徽、浙江、福建、江西、湖南、湖北、河南、陕西、四川、贵州、云南、广西、广东等省区均有栽培。

种类及品种：

小花腊梅（var. *parviflora*），花径仅 0.9 厘米，外轮花被淡黄色，内轮花被具紫红色斑纹。国内栽培较少，国外主要用作切花。

狗牙腊梅（var. *intermedius*），又叫狗蝇腊梅，外轮花被片狭椭圆形，顶端钝尖，内轮花被片具紫红斑或全为紫红色，香味淡，花期早，多作砧木用。

磬口腊梅（cv. *grandiflorus*），花被片椭圆形，顶端圆，外轮花被片黄色，内轮花被有紫红色条纹，花期早，花较大，香气轻溢。

素心腊梅（var. *concolor*），花被片椭圆状倒卵形，盛开时平展，尖端向外反转，内轮花被片金黄色，花期中，花较大，香气较浓。

檀香腊梅（cv. *santaloides*），花被片倒卵状椭圆形，顶端钝，反卷，内轮花被片具紫红晕或少量紫红斑，盛开时花被片呈钟状展开，花期中。

（一）繁殖技术

常用播种、嫁接、分株、扦插等方法繁殖。

1. 播种

7 月到 8 月采种后立即播种，当年发芽成苗。也可采种后砂藏，第二年春季播种，苗期注意除草、施肥，培育 2 年移栽。

2. 嫁接

用实生苗或分株苗作砧木，用切接和靠接最好，3 月到 4 月中旬，选取粗壮枝条，除去顶梢，剪成 6~7 厘米长接穗，具芽 1~2 对，砧木是将苗离地面 3~6 厘米处剪断，进行切接，涂泥浆，把砧木和接穗封住，经培育 3

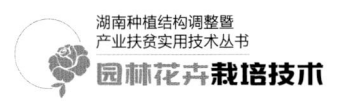

年成株。

3. 分株

2月到3月挖取母株的分蘖苗栽种。移栽按行株距各约1.3米开穴，每穴栽苗1株。每年在早春和秋季进行中耕除草、追肥1次，肥料以人畜粪水为主。为了促进开花，每年3月到4月把枝条剪短，并摘心去顶。

4. 扦插

以夏季嫩枝为好，插穗用 α-萘乙酸浸沾1分钟左右，插在遮阴的塑料膜棚里较易生根。

（二）栽培管理

1. 土壤

选择土层深厚、避风向阳、排水良好的中性或微酸性砂质土壤，一般在春季萌芽前栽植。花后进行翻耕，翻耕深度20~25厘米，树冠下稍浅，以免伤根。

2. 光温

腊梅性喜阳光，能耐半阴，较耐寒，只要不低于-15℃就能露地安全越冬，但花期不得低于-10℃。

3. 浇水

腊梅耐旱，但夏季酷热不可缺水，以免叶片形成枯干发白的块斑，影响花芽形成，浇水以半墒为宜。开花期间，土壤宜保持适度干燥，减少落花。

4. 施肥

腊梅喜肥，但忌施浓肥。

5. 主要病虫害

炭疽病、黑斑病、蚜虫、日本龟蜡蚧、红颈天牛、刺蛾、卷叶蛾等。

（三）园林用途

为冬季观赏佳品，是我国特有的珍贵观赏花木。一般以孤植、对植、丛植、群植配置于园林与建筑物的入口处两侧和厅前、水畔、路旁等处，作为盆花桩景和瓶花亦具特色。

十六、锦带花

植物名称：锦带花〔*Weigela florida*（Bunge）A. DC.〕

别名：锦带、五色海棠、山脂麻、海仙花、文官花

科属：忍冬科锦带花属

特征特性：树高 1~3 米。幼枝稍四方形，有 2 列短柔毛，树皮灰色。叶矩圆形、椭圆形至倒卵状椭圆形，顶端渐尖，基部阔楔形至圆形，边缘有锯齿，叶面被短柔毛，具短柄至无柄。花单生或成聚伞花序生于侧生短枝的叶腋或枝顶；花冠紫红色或玫瑰红色（图 6-30）。果实顶端有短柄状喙，疏生柔毛；种子无翅。花期 4 月到 6 月。种子 8 月到 10 月成熟。

图 6-30

生态习性：为落叶灌木。喜光，耐半阴，耐寒；对土壤要求不严，能耐瘠薄土壤，但以深厚、湿润而腐殖质丰富的土壤生长最好，怕水涝。萌芽、萌蘖力强，生长迅速。

产地与分布：锦带花原产于中国，分布于我国黑龙江、吉林、辽宁、内蒙古、山西、陕西、河南、山东北部、江苏北部等地。

种类及品种：

白花锦带花（f. *alba*），花近白色，有微香。

美丽锦带花（var. *venusta*），花淡粉色，叶较小。

变色锦带花（cv. *versicolor*），初开时白绿色，后变红色。

花叶锦带花（cv. *variegata*），叶缘乳黄色或白色。花色由白逐渐变为粉红色，由于花开放时间不同，有白有红，使整个植株呈现两色花。

紫叶锦带花（cv. *foliis purpureis*），叶带紫色，花紫粉色。

红花锦带花（cv. Hong Hua Jin Dai），花红似火。

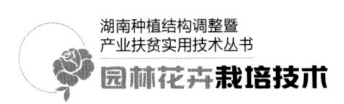

日本锦带花（*Weigela japonica* Thumb.），花初开时为白色，后变红色，原产于日本。

（一）繁殖技术

锦带花因种子细小不易采收，一般较少用播种繁殖，主要以扦插、分株或压条繁殖。

1. 扦插

春季用成熟枝条露地扦插或 6 月到 7 月份采用半木质化嫩枝在荫棚下扦插，插穗剪成长 10~12 厘米，用 α－萘乙酸溶液蘸插穗后插入砂质插床中，当年秋季即可移栽。

2. 分株

宜在早春结合移栽或秋季落叶后进行，将整株挖出，分成数丛，另行栽种即可。

3. 压条

一般在 6 月份进行，发根快，成苗率高，通常在花后选下部枝条压，下部枝条容易呈匍匐状，节处很容易生根成活。

播种一般在 4 月上中旬进行，播后应采用洇灌的方法浇水，不可用喷壶向土面喷水，以免将种子冲出土面。播后 15 天左右出苗。

（二）栽培管理

1. 土壤

对土壤要求不严，能耐瘠薄土壤，但宜选择深厚、湿润、腐殖质丰富、排水良好的砂质土壤为好，春、秋季移栽时，均需带宿土，夏季需带土球。

2. 光温

锦带花喜温暖湿润、阳光充足的环境，宜选择向阳的地块栽植。

3. 浇水

生长季节注意浇水，春季萌动后，要逐步增加浇水量，经常保持土壤湿润。每月要浇 1 至 2 次透水，以满足生长需求。

4. 施肥

栽种时施以腐熟的堆肥作基肥，以后每隔 2 年 ~3 年于冬季或早春的休眠期在根部开沟施 1 次肥。在生长季每月要施肥 1~2 次。

5. 主要病虫害

锦带花病虫害不多，主要有枝枯病、蚜虫、红蜘蛛等。

（三）园林用途

适于庭院墙隅、湖畔群植；也可在树丛林缘作篱笆、丛植配植；点缀于假山、坡地。锦带花对氯化氢抗性强，是良好的抗污染树种。花枝可供插花使用。

十七、黄花槐

植物名称：黄花槐（*Sophora xanthantha* C. Y. Ma）

别名：聚宝黄金树、金凤树、金药树、树槐

科属：豆科槐属

特征特性：树可高 3~4 米。茎、枝、叶轴和花序密被金黄色或锈色绒毛。羽状复叶，叶对生或近对生，长圆形或长椭圆形；总状花序顶生，花量大而密集，花如金蝶，花冠黄色（图 6-31）；荚果串珠状，种子长椭圆形，榄绿色。

图 6-31

生态习性：为落叶灌木或小乔木。喜阳光，稍耐阴，较耐寒，生长速度快，宜在疏松、排水良好的土壤中生长，肥沃土壤中开花旺盛。耐修剪。每年 8 月开始开花，寒霜降临、盛情不衰，落叶不落花。

产地与分布：由我国传统国槐与美洲金边黄槐、双荚槐杂交育种而成。产于广东、云南（元江）、广西、江西赣州、福建漳州等地。

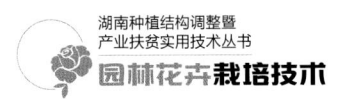

（一）繁殖技术

黄花槐一般采用扦插、播种等方法繁殖。

1. 扦插

剪取当年生木质化枝条，用 ABT2 号生根粉 50×10^{-6} 浸枝 2 小时后扦插。日光强烈时采取灰色遮阳网遮光，保持苗床湿润，光照充足，栽培土质以排水良好的壤土或砂质壤土为宜。

2. 播种

播种期在 2 月下旬到 3 月上旬为宜，采取条播，播种沟深 1.5~2 厘米，条距为 20 厘米。播种量为 2 千克/亩，播种后，再用细土覆盖，覆土厚 1.5~2 厘米，并用木板轻轻拍实，以减少子叶带壳出土现象。然后用稻草覆盖，保温保湿，防止土壤板结，有利于种子的发芽出土。

（二）栽培管理

1. 土壤

黄花槐对土壤要求不严，但以疏松、肥沃、排水良好的砂壤土为宜，生长开花最旺盛，土壤 pH 值 7.0 以下为宜。

2. 光温

黄花槐喜光照，稍耐阴，宜栽植在向阳地块，但高温日光强烈时应适当遮阴，尤其是在育苗期。喜温暖，较耐寒，能耐轻霜，在长江流域以南地区能露地越冬。

3. 浇水

较耐旱，苗期应保持土壤湿润，一般每隔 3~4 天浇 1 次水，移栽后应浇足水，生长季节及开花前期应保持水分充足，花期可适当控水。

4. 施肥

当幼苗长到 10 厘米左右时，每隔 15 天用 10% 的稀粪水追肥 1 次，加速苗木的生长。移栽成活后勤施薄肥，促进侧枝生长。以后每年施肥 4 次。

5. 主要病虫害

猝倒病、茎腐病等。

（三）园林用途

可作为工厂、校园、住宅小区、公园或城市道路绿化的观花树种。可用作行道树，也可孤植。

十八、金焰绣线菊

植物名称：金焰绣线菊（*Spiraea* × *bumalda* cv. *gold flame*）

科属：蔷薇科绣线菊属

特征特性：落叶小灌木，株高50~110厘米，新枝黄褐色，老枝黑褐色，枝条呈折线状，柔软；单叶互生，边缘具尖锐锯齿，叶卵形至卵状椭圆形，春季叶色黄红相间，夏季叶色绿，秋季叶紫红色。花粉红色或玫瑰红色，花序较大，伞形花序（图6-32）；蓇葖果，种子细小，圆形。花期6月到9月。

图 6-32

生态习性：喜光照，稍耐阴，耐寒，耐干燥，耐盐碱，耐瘠薄。怕涝，喜中性及微碱性土壤，在温暖向阳、湿润且排水良好的肥沃土壤生长更繁茂。耐修剪。

产地与分布：金焰绣线菊原产于美国，经引种驯化，现中国各地均有种植。

（一）繁殖技术

可采用播种、扦插、分株等方法繁殖。因扦插繁殖速度快，繁殖系数高，在生产中普遍采用。

1.扦插

结合整形修剪进行扦插繁殖。一般选择在无风的清晨、傍晚或阴天进行扦插较好。选择当年生半木质化且无病虫害的健壮枝条，枝条基部粗0.2厘米以上，剪成10厘米左右的插穗，插穗的下切口剪成平滑的平面或斜面，

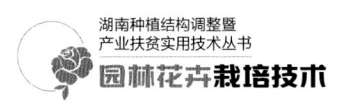
并剪去插条下部的叶片，因金焰绣线菊属皮孔生根类型，操作时切忌撕裂插穗表皮。一般每平方米扦插 400 株左右，插条的深度 3~5 厘米，插完后喷 1 次清水，然后在插穗叶片上喷 1 次多菌灵，并注意保湿。

2. 播种

播种一般在春季进行，可露地或温室播种，整理好苗床，浇透水，稍晾干，将种子均匀条播或撒播在土壤表面，上面覆盖 2 毫米厚的细土，保持土壤湿润。一般 10~20 天可齐苗。

（二）栽培管理

1. 土壤

金焰绣线菊对土壤要求不严，宜选择中性或微碱性土壤，且土质肥沃、排水良好、温暖向阳的地块种植。

2. 光温

喜光照，较耐阴，能耐高温和零下低温，但在光照充足及 20℃~25℃温度条件下生长发育良好。

3. 浇水

第一年定植后，连灌 2 次透水，然后培土封沟，以利保墒增温。以后每 10 天浇 1 次水，8 月初后，15 天浇 1 次，9 月中旬停止浇水，使树木充分木质化，10 月底进行冬灌，以利于越冬。

4. 施肥

移栽前施足基肥，一般施腐熟的粪肥，深翻树穴，将肥料与土壤拌匀。生长盛期每月施 3~4 次腐熟的饼肥水，花期施 2~3 次磷、钾肥（磷酸二氢钾），秋末施 1 次越冬肥，以腐热的粪肥或厩肥为好，冬季停止施肥。

5. 主要病虫害

金焰绣线菊病虫害很少，偶有蚜虫危害。

（三）园林用途

一般与常绿小灌木配植，不仅可用于建植大型图纹、花带、彩篱等园林造型，也可布置花坛、花境或点缀园林小品，亦可丛植、孤植或列植，也可做绿篱。

第七章
藤本花卉

第一节　概述

一、藤本花卉的定义

　　藤本花卉是指花、叶、茎、果等部位具有较高观赏价值、适用于园林造景或室内观赏的藤本植物。

二、藤本花卉的分类

　　藤本花卉依其生物学习性可以分为缠绕类、吸附类、卷须类和蔓生类（攀缘类）四种类型。缠绕类藤蔓须缠绕一定的支撑物而呈螺旋状向上生长，如紫藤等。吸附类借助黏性吸盘或气生根向上生长，如爬墙虎、凌霄等。卷须类依靠卷须向上生长的植物，如铁线莲等。蔓生类（攀缘类）依靠茎枝成一定角度铺展上升，攀缘于树干或匍匐在地面、岩石上生长，如蔷薇类等。

三、藤本花卉的特点

　　缠绕类藤本没有特化的吸附器官，但攀缘能力较强。在园林绿化中常用于花架、廊架、拱门、花亭、篱墙及栅栏等。吸附类藤本是攀缘力较强的种类，在城市绿化中常用于假山石、墙体、地被、围墙、立柱、道路边坡等。卷须类藤本根据植物造景需要可栽培成藤本状或为藤状灌木，可塑性较高，

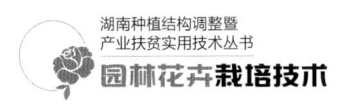

适合种成花廊,或攀爬于花架、墙面、围篱之上。蔓生类(攀缘类)藤本攀缘能力较弱,一般应用于棚架、栅栏等时需要人工引导和扶持,还可用于地被、假山、岩石园等。

第二节　藤本花卉

一、花叶蔓长春

植物名称:花叶蔓长春(*Vinca major* var. *variegata*)

别名:花叶常春藤、花叶长春蔓、爬藤黄杨

科属:夹竹桃科蔓长春花属

形态特征:属蔓长春花的变种。矮生、枝条蔓性、匍匐生长,长达2米以上。叶椭圆形或卵形,先端急尖,叶对生,有叶柄,亮绿色,叶缘乳黄色,有黄白色斑点。花单生,紫蓝色(图7-1)。分蘖能力强。花期3月到5月。

图 7-1

生态习性:为常绿蔓性亚灌木。喜光照,耐阴,较耐旱,耐低温,在-7℃气温条件下,露地种植也无冻害现象。四季常绿,适应性强,对土壤要求不严,喜肥沃、湿润、富含腐殖质的砂质壤土。

产地与分布:我国江苏、福建、广西、广东、湖北、湖南等地均有栽培。

(一)繁殖技术

可采用扦插、分株、压条法繁殖,以扦插繁殖为主。

1. 扦插

一般全年都可进行。扦插基质宜选用保水性能好的珍珠岩、蛭石或沙。秋、冬季扦插，宜在温室或阳畦内进行；选生长健壮、充实的枝条作为插穗，插穗长度应根据季节而定，冬季宜长，夏季插穗不宜过长，8~10厘米（2~3个节）。上部留2个叶，下部剪至节根处，扦插浇透水并保湿。夏季，用遮阴网遮阴，生根后，除去遮阴网，控制水分，增加光照。

2. 分株

宜在春季进行。把上一年的老枝剪掉，刨出植株分开，另行栽植，浇透水即可。

3. 压条

压条繁殖在生长季进行。

（二）栽培管理

1. 土壤

蔓长春花对土壤要求不严，但栽培在肥沃、湿润、疏松、富含腐殖质的砂质壤土中生长更好。

2. 光温

喜温暖和阳光充足的环境，也耐阴，但盛夏要避免强光直射，以免灼伤叶片，必须适当遮阴，以半阴环境最好。宜植于疏林下。

3. 浇水

天旱时应注意浇水，雨季注意排水。

4. 施肥

每月施液肥1~3次，以保证枝蔓速生快长及叶色浓绿光亮。

5. 主要病虫害

枯萎病、溃疡病、叶斑病，介壳虫、根疣线虫等。

（三）园林用途

花叶蔓长春既耐热又耐寒，四季常绿，有着较强的生命力，且其花色绚丽，叶子形态独特，是较理想的花叶兼赏类地被植物。

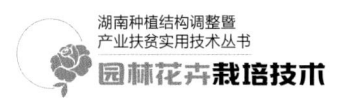
二、常春藤

植物名称：常春藤〔*Hedera nepalensis* var. *sinensis*（Tobl.）Rehd〕

别名：中华常春藤、百脚蜈蚣、土鼓藤、钻天风、三角风、散骨风、枫荷梨藤

科属：五加科常春藤属

形态特征：茎灰棕色或黑棕色，长可达 3~20 米，光滑，有气生根，幼枝被鳞片状柔毛。单叶互生，革质，油绿光滑，全缘或 3 裂。叶为三角状卵形或戟形、心形等（图7-2）。伞形花序单个顶生，或 2~7 个总状排列或伞房状排列成圆锥花序，花小，淡黄白色或绿白色。果实圆球形，红色或黄色。花期 8 月到 9 月，果期翌年 3 月到 4 月。

图 7-2

生态习性：为多年生常绿攀缘阴性藤本植物，耐阴性强，喜温暖湿润的气候，有一定耐寒性，对土壤和水分要求不严，但以富含腐殖质、排水良好、中性或酸性的土壤为好。不耐盐碱。

产地与分布：常春藤原产于欧洲、亚洲西部和北非，我国主要分布于华中、华南、西南等地。

种类及品种：

同属常见栽培的有金边常春藤、银边常春藤、金心常春藤、白脉常春藤、彩叶常春藤、红边常春藤、小叶常春藤、斑叶常春藤等。

（一）繁殖技术

常春藤多用扦插或压条法繁殖，以扦插繁殖为主。

全年除了冬季严寒与夏季酷暑外，只要温度适宜随时可以扦插。春季硬枝扦插，从植株上剪取木质化的健壮枝条，截成 15~20 厘米长的插条，上端留 2~3 片叶。扦插后保持土壤湿润，置于遮阴条件下，很快就可以生根。秋季嫩枝扦插，选用半木质化的嫩枝，截成 15~20 厘米长、含 3~4 节带气根的插条。扦插后进行遮阴，并保持土壤湿润，一般插后 20~30 天即可生根成活。

除扦插外，也可以进行压条繁殖。将茎蔓埋入土中，或用石块将茎蔓压在潮湿的土面上，待其节部处生长出新根后，按 3~5 节一段截断，促进叶腋发出新的茎蔓。再经过 30 天左右培养，即可移栽。

（二）栽培管理

1. 土壤

常春藤对土壤要求不严，但以富含腐殖质、排水良好、中性或酸性的土壤种植生长最好。

2. 光温

生长适宜温度 18℃~20℃，温度超过 35℃时叶片发黄，停止生长。

3. 浇水

常春藤要求环境温暖多湿，在生长期要保证供水，经常保持土壤湿润，若水分不足，会引起落叶。

4. 施肥

生长期每月施 2~3 次稀薄的有机液肥，或每月施 1 次颗料化肥，同时注意肥料中氮磷钾含量比例应为 1∶1∶1，氮素比例不可过高，以免花叶变绿。

5. 主要病虫害

有炭疽病、叶斑病、疫病、灰霉病、蚜虫、红蜘蛛、介壳虫等。

（三）园林用途

可用于攀缘假山、岩石，或在建筑物阴面作垂直绿化材料。是藤本类绿化植物中用得最多的材料之一。

三、花叶络石

植物名称：花叶络石（*Trachelospermum jasminoides* 'Flame'）

别名：白甜花、初雪葛、斑叶
络石

科属：夹竹桃科络石属

形态特征：木质藤蔓植物，茎
有不明显皮孔。叶对生，具羽状脉，
革质，椭圆形至卵状椭圆形或宽倒
卵形，老叶近绿色或淡绿色，第一
轮新叶粉红色，第二至第三对为纯
白色叶，在纯白叶与老绿叶间有数
对斑状花叶（图7-3）。花序聚伞状，

图7-3

花白色或紫色。种子线状长圆形，种毛白色绢质。花期4月到5月。

生态习性：为常绿木质藤蔓植物。喜光，耐阴，耐干旱，怕涝，适宜在
排水良好的酸性、中性土壤环境中生长。较耐寒，南方地区可露地越冬。

产地与分布：产于我国东南部，黄河流域以南各省均有分布。

（一）繁殖技术

播种、扦插、压条均能繁殖。因扦插、压条容易生根，故一般多用扦插
繁殖。

扦插繁殖一年中任何季节均可进行，但春季与秋季的生根率较高，采用
全基质扦插。压条繁殖一般在早春或夏季进行，老枝压条在早春进行，嫩枝
压条宜在夏季进行。枝条压入土中2~3厘米，待节部或节间生根，新芽长
至8~10厘米时将其与母株分离，形成新植株。

（二）栽培管理

1.土壤

花叶络石对土壤要求不严，适应性强，但在排水良好的酸性、中性土壤
环境中生长良好。

2.光温

喜温暖光照，地栽宜植于向阳处，虽耐阴性强，但阴处生长差。南方地

区可露地越冬。

3. 浇水

花叶络石喜湿润，生长季节宜保持土壤湿润，夏天高温季节注意浇水防干旱，忌积水，雨后注意排涝，冬季地栽者可不浇水。

4. 施肥

花叶络石喜肥，但对肥料要求不严，一般春秋季各施 1 次氮磷钾复合肥即可，冬夏一般不用施肥。

5. 主要病虫害

炭疽病和叶斑病、红蜘蛛、螨类、蛾类、蚜虫等。

（三）园林用途

花叶络石是优良的地被植物，可在城市行道树下隔离带种植，或作为护坡藤蔓覆盖植物。

四、常春油麻藤

植物名称：常春油麻藤（*Mucuna sempervirens* Hemsl.）

别名：常绿油麻藤、牛马藤、大血藤、棉麻藤

科属：豆科黧豆属

形态特征：大型藤蔓植物，树皮有皱纹，幼茎有纵棱和皮孔；羽状复叶具 3 小叶，顶生小叶椭圆形，长圆形或卵状椭圆形，基部稍楔形（图 7-4）；总状花序生于老茎上，每节上有 3 花，花冠深紫色，干后黑色；果木质，带形种子红色、褐色或黑色。花期 4 月到 5 月，果期 8 月到 10 月。

生态习性：常绿木质藤本植物。

图 7-4

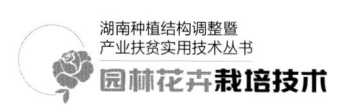

喜光、耐阴，喜温暖湿润气候，适应性强，耐寒，耐干旱和耐瘠薄，喜深厚、肥沃、排水良好、疏松的土壤。

产地与分布：产于四川、贵州、云南、陕西南部（秦岭南坡）、湖北、浙江、江西、湖南、福建、广东、广西。

（一）繁殖技术

常春油麻藤繁殖力很强，播种、扦插、压条、嫁接均可。

播种于开春前进行，采用营养杯或营养袋播种育苗。将种子点播于装有营养土的杯子和袋子中，用草覆盖，经常喷水保湿；长至 30 厘米左右时，进行移栽，同时设置支柱，便于攀缘、起苗。

硬枝扦插一般在秋末进行，选取生长健壮的 1~2 年生枝条（带 3~4 个芽），剪成插穗。在 1000 倍高锰酸钾或 800 倍多菌灵溶液中浸泡 10~12 小时，阴干沙藏。第二年早春开始扦插。

软枝扦插时间一般在 5 月到 9 月，插穗的剪取方法基本与硬枝插穗相同，不过需要留少量叶片，一般为 1 片或半片，最多不超过 2 片。插穗基部可用 50×10^{-6} 的 ABT 浸泡 0.5~1 小时，取出后立即插入基质中。然后加盖农膜，农膜上方盖遮阳网。

（二）栽培管理

1. 土壤

对土壤要求不严，耐瘠薄，喜深厚、肥沃、排水良好、疏松的土壤。

2. 光温

喜光、耐阴，喜温暖湿润气候，适应性强。定植密度不宜过大，要根据廊架的宽度及高度来具体考虑。一般 6 米宽、4 米高的廊架，株距以 8~10 米为宜。

3. 水肥

生长季节加强肥水管理，保持土壤湿润，在冬季休眠期，做好控肥控水工作，春夏两季根据干旱情况，施用 2~4 次肥水，入冬以后开春以前，再施肥 1 次，但不用浇水。

4. 主要病虫害

病虫害比较少见，主要危害虫类是蚜虫。

（三）园林用途

常春油麻藤是园林价值较高的垂直绿化藤本植物，可以保护墙面，遮掩垃圾场所等，还可用于护坡、阳台、栅栏、花架、屋顶绿化等。

五、凌霄

植物名称：凌霄〔*Campsis grandiflora*（Thunb.）Schum.〕

别名：紫葳、女葳花、凌霄花、中国凌霄、凌苕

科属：紫葳科凌霄属

形态特征：茎木质，表皮脱落，枯褐色，以气生根攀附于它物之上。叶对生，为奇数羽状复叶，卵形至卵状披针形。顶生疏散的短圆锥花序，花萼钟状；花冠内面鲜红色，外面橙黄色，裂片半圆形（图7-5）。蒴果顶端钝。花期6月到8月。

图 7-5

生态习性：为落叶攀缘木质藤本。喜充足阳光，耐半阴。喜温暖湿润，忌积水，有一定耐盐碱能力，不甚耐寒，喜排水良好、疏松、肥沃的微酸性或中性土壤。萌芽力、萌蘖力均强。

产地与分布：产于长江流域各地，河北、山东、河南、福建、广东、广西、湖南、陕西，台湾等地均有栽培。

（一）繁殖技术

一般采用扦插、压条、分株等方法繁殖。

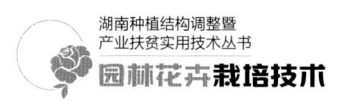

1. 扦插

一般春、夏季均可进行，选取带气生根的坚实粗壮的枝条，剪成 10~16 厘米长的插穗，扦插于砂床，注意保温保湿，一般插后 20 天左右即可生根。

2. 压条

一般在 7 月间进行，将粗壮的藤蔓拉到地表，分段用土堆埋，露出芽头，保持土壤湿润，50 天左右即可生根，生根后剪下移栽。南方亦可在春季压条。

3. 分株

宜在早春进行，即将母株附近由根芽生出的小苗挖出栽种。

（二）栽培管理

1. 土壤

对土壤要求不严，宜选排水良好、疏松、肥沃的微酸性或中性砂质土壤，较耐盐碱。

2. 光温

凌霄花喜温暖、阳光充足的环境，抗寒性较差，光照不足时，植株的生长不旺盛，花少色淡。

3. 浇水

凌霄花喜湿润。早期管理要注意浇水，后期管理可粗放些。开花前注意浇水，保持土壤湿润，深秋到翌年春季进入休眠期，应适当控水。

4. 施肥

凌霄花喜肥，除施足基肥外，萌芽之后，10~15 天施 1 次以氮肥为主的肥料。从 5 月开始，改施以磷钾肥为主的肥料。6 月开始 7~10 天向叶面喷洒 1 次 0.2% 的磷酸二氢钾溶液，促进花开艳丽。花谢之后再施 1~2 次磷钾肥，保证在越冬之前有充足的养分。冬季休眠期不要施肥。

5. 主要病虫害

叶斑病、白粉病等，虫害主要有牙虫、介壳虫。

（三）园林用途

常用于攀缘棚架、花门、假山、墙垣。也可盆栽或置于高架上，制成悬垂式盆景。

六、紫藤

植物名称：紫藤〔*Wisteria sinensis*（Sims）Sweet〕

别名：藤萝、朱藤、招藤、招豆藤、黄环

科属：豆科紫藤属

形态特征：枝较粗壮，嫩枝被白色柔毛，老枝无毛，皮深灰色。奇数羽状复叶，小叶3~6对，卵状椭圆形至卵状披针形。总状花序，花序轴被白色柔毛，芳香，花冠紫色（图7-6）。荚果倒披针形，种子褐色。花期4月中旬至5月上旬，果期5月到8月。

图7-6

生态习性：为落叶攀缘藤本植物。喜光，较耐阴。对气候和土壤的适应性强，耐热，较耐寒，耐瘠薄，以土层深厚，排水良好，向阳避风的地方栽培最适宜。主根深，侧根浅，不耐移栽。

产地与分布：原产于中国，朝鲜、日本亦有分布。我国华北地区多有分布，华东、华中、华南、西北和西南地区均有栽培。

（一）繁殖技术

主要采用播种、扦插繁殖，但因实生苗培养所需时间长，所以应用最多的是扦插。

1.扦插

一般在3月中下旬枝条萌芽前，选取1~2年生的粗壮枝条，剪成15厘

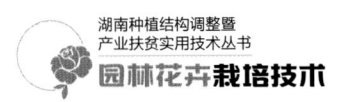

米左右长的插穗，插入事先准备好的苗床，扦插深度为插穗长度的2/3。插后喷水，保持苗床湿润，成活率很高，当年株高可达20~50厘米，2年后可出圃。

2. 播种

一般在3月进行。11月采收种子，去掉荚果皮，晒干装袋贮藏。播前用热水浸种，待开水温度降至30℃左右时，捞出种子并在冷水中淘洗片刻，保湿堆放一昼夜后便可播种。

（二）栽培管理

1. 土壤

紫藤主根长，所以种植的地方需要土层深厚。紫藤耐贫瘠，对土壤的酸碱度适应性也强。种植应选择排水良好、土层深厚、肥沃的土壤，过度潮湿易烂根。多于早春定植，定植前须先搭架，并将粗枝分别系在架上，使其沿架攀缘。

2. 光温

紫藤为暖带及温带植物，较耐寒，喜光，较耐阴。南方能露地越冬。

3. 浇水

紫藤的主根很深，耐旱力较强，但是喜欢湿润的土壤，不耐涝，不能让根长时间泡在水里，否则会烂根。

4. 施肥

紫藤在萌芽前可施氮肥、过磷酸钙等。生长期间追肥2~3次，用腐熟人粪尿即可。

5. 修剪

修剪时间宜在休眠期，修剪时可通过去密留稀和人工牵引使枝条分布均匀。因紫藤花芽着生在一年生枝的基部叶腋，生长枝顶端易干枯，因此要对当年生的新枝进行回缩，剪去1/3~1/2，并将细弱枝、枯枝齐分枝基部剪除。

6. 主要病虫害

软腐病、叶斑病、蜗牛、介壳虫、白粉虱等。

（三）园林用途

紫藤是优良的观花藤本植物，一般应用于园林棚架，适栽于湖畔、池边、假山、石坊等处，也常用于盆景。

七、蔓性风铃花

植物名称：蔓性风铃花（*Abutilon megapotamicum*）

别名：巴西宫灯花、巴西苘麻、红萼苘麻、灯笼风铃、红心吐金、垂枝风铃花、蔓性风铃草

科属：锦葵科苘麻属

形态特征：常绿蔓生植物，其枝蔓柔软。叶互生，心形，绿色，叶端尖，叶缘有钝锯齿，有时分裂。花生于叶腋，具长梗，下垂，萼片心形，红色；花瓣闭合，由花萼中吐出；花蕊棕色，伸出花瓣，形似风铃（图7-7）。全年都可开花。

图7-7

生态习性：为常绿蔓生植物。喜温暖、湿润和阳光充足的环境，耐半阴，不耐寒，也不耐旱，适宜在疏松透气、含腐殖质丰富的土壤中生长。

产地与分布：原产于南美洲的巴西，中国有引种栽培。

（一）繁殖技术

常用扦插和压条的方法繁殖，以扦插繁殖为主。

扦插一般在6月到8月进行。选择通气性和透水性好的基质，可用等量的泥炭和沙土进行混合。以一年或二年生健壮枝或当年生半木质化的嫩枝作插穗，从节的下方剪成长10~12厘米的插穗，去掉下部叶，插入基质1/2

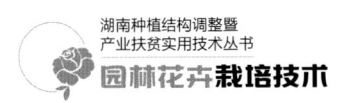

或 1/3 深，浇水保持湿润。

（二）栽培管理

1. 土壤

对土壤要求不严，但适宜在疏松透气、含腐殖质丰富的土壤中生长，生长期保持土壤湿润，但不要积水。

2. 光温

蔓性风铃花是一种喜光植物，宜选择背风向阳的地块栽植。蔓性风铃花喜温暖，不耐寒，温度在 10℃~25℃生长最好，夏季高温应适当遮阴，冬季温度在 5℃以上可以安全越冬。

3. 浇水

蔓性风铃花喜湿润环境，要注意浇水，但不能积水，夏季高温时，还可以对周边进行喷水，以增加空气湿度，冬季保持土壤潮润即可。

4. 施肥

春夏秋三个季节都是蔓性风铃花的生长季节，这时应给予充足的肥料，最好是能每隔 15 天追施 1 次复合肥，进入冬季休眠期以后可停止施肥。

5. 主要病虫害

常见病害主要有灰霉病、叶斑病、根腐病。常见虫害主要有根螨等地下害虫及蚜虫等。

（三）园林用途

可种植于公园、园林绿化、庭院等，也可盆栽，还可作切花材料使用。

八、迎春花

植物名称：迎春花（*Jasminum nudiflorum* Lindl.）

别名：迎春、黄素馨、小黄花、金腰带、黄梅、清明花

科属：木犀科素馨属

形态特征：落叶灌木，直立或匍匐，枝条下垂，枝稍扭曲，光滑无毛，小枝四棱形，老枝灰褐色，嫩枝绿色。叶对生，三出复叶，小枝基部常具单

叶，叶片和小叶片幼时两面稍被毛，小叶片卵形、长卵形或椭圆形，单叶为卵形或椭圆形。花单生于去年生小枝的叶腋，稀生于小枝顶端，花萼绿色，花冠黄色。花期6月。

图7-8

生态习性：迎春花喜光，稍耐阴，较耐寒，怕涝，在南方可露地越冬，要求温暖而湿润的气候、疏松肥沃和排水良好的砂质土，在酸性土中生长旺盛，碱性土中生长不良。根部萌发力强。枝条着地部分极易生根。

产地与分布：产于中国甘肃、陕西、四川、云南西北部、西藏东南部。我国及世界各地普遍栽培。

（一）繁殖技术

迎春花繁殖以扦插为主，也可用压条、分株法繁殖。

1. 扦插

休眠枝插条在2月下旬到3月上旬扦插，半成熟枝在6月下旬扦插，成熟枝则在9月上旬扦插，插后需遮阴、浇水，保持土壤湿润，一般较易生根。

2. 压条

不必刻伤，将较长的枝条浅埋于土壤中，生根较快，翌年春季与母株分离移栽。分株可在早春结合移栽进行，需带宿土，较易成活。

（二）栽培管理

1. 土壤

宜选择疏松肥沃和排水良好的砂质土壤，迎春花在酸性土中生长旺盛，碱性土中生长不良。

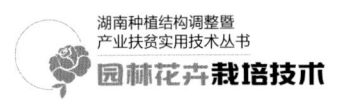
2. 光温

迎春花喜光照，稍耐阴，开花前光照充足，有利于孕蕾，开花期应避免强光直射。迎春花喜温暖，较耐寒，南方可露地越冬，夏季高温时应适当遮阴。

3. 水肥

迎春花喜湿润，但怕涝，在雨季之前注意浇水，雨季注意防涝，在炎热的夏季，每天上午和下午应各浇 1 次水。在迎春生长期，每月施 1~2 次腐熟稀薄的液肥；花芽分化期应施含磷较多的液肥，以利花芽形成；开花前期施 1 次腐熟稀薄的有机液肥；生长后期注意增施磷钾肥。

4. 修剪

迎春花萌发力强，在生长期间要经常摘心，剪除病弱枝条，保持树形。花凋谢后应把枝条剪短，促发新枝。

5. 主要病虫害

褐斑病、灰霉病、斑点病、叶斑病、花叶病等。

（三）园林用途

在园林绿化中宜配置在湖边、溪畔、桥头、墙隅，或在草坪、林缘、坡地，房屋周围也可栽植，可供早春观花。

九、藤本月季

植物名称：藤本月季（*Morden cvs. of Chlimbers and Ramblers*）

别名：藤蔓月季、爬藤月季、爬蔓月季、藤和平

科属：蔷薇科蔷薇属

形态特征：落叶灌木，呈藤状或蔓状。其茎上有疏密不同的尖刺。单数羽状复叶，小叶 5~9 片，小而薄，托叶附着于叶柄上，叶梗附近长有直立棘刺。花单生、聚生或簇生，花色有红色、粉色、黄色、白色、橙色、紫色、镶边色、原色、双色等（图 7-9）。按其开花习性分类有多季花、二季花和一季花三类。多季花这类品种能在生长季节里反复开花，连续开花至冬季休眠；二季花 5 月到 6 月开花后，一般夏、秋初少量开花或不开花，至中

图 7-9

秋前后再开一茬花，但花量远不如5月到6月多；一季花一般5月到6月开
1次花。

生态习性：适应性强，较耐寒、耐旱，喜日照充足、空气流通的环境，
盛夏需适当遮阴。多数品种最适温度白昼15℃~25℃，夜间10℃~15℃。冬
季气温低于5℃即进入休眠。如夏季高温持续30℃以上，则多数品种开花
减少，品质降低，进入半休眠状态。对土壤的适应范围较宽，但以富含有
机质、肥沃、疏松之微酸性土壤为宜。对空气中的有害气体，如二氧化硫、
氯、氟化物等比较敏感。

产地与分布：原种主产于北半球温带、亚热带，中国为原种分布中心。
现世界各地广泛栽培。

（一）繁殖技术

藤本月季以扦插繁殖为主，但对难以生根的优良品种，可采用嫁接或组
培繁殖。

嫩枝扦插一般在6月中旬第一次盛花后，剪去残花让枝条充分木质化，
7月初选择生长健壮、无病虫害的枝条，将枝条中段剪成长10~15厘米带
2~3个芽并保留1~2片叶的插穗，用生根剂浸泡插穗基部后扦插，插后喷
水保持湿润，生根后即可移栽。硬枝扦插一般在11月初结合冬季修剪，选
择生长健壮、无病虫害且充分木质化的枝条作插条进行扦插。

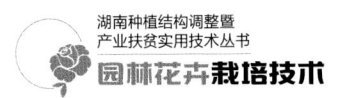

（二）栽培管理

1. 土壤

藤本月季属典型的喜光、喜肥植物，栽植地宜选择在背风向阳的光照充足且土质疏松、排水良好、肥沃的微酸性土壤环境。

2. 光温

藤本月季喜温暖、日照充足的环境，最佳生长温度为15℃～25℃，低于5℃开始休眠，高于33℃花质较差；光照不足时茎蔓变细弱，花朵变小，花量减少，花色变淡。

3. 浇水

藤本月季耐旱，但不耐积水，若长期排水不良会造成生长不好，易烂根。早春要及时浇灌返青水，以利于苗木萌芽展叶。营养生长前期和花期应保持土壤湿润，以保证植株生长旺盛、花大色艳。夏季高温时期，浇水宜在傍晚进行。秋季适当控水，防止枝条徒长。入冬前浇足冬水，利于苗木越冬。

4. 施肥

藤本月季开花多，需肥量大，所以在冬季休眠期应施足底肥，在植株周围挖环状沟槽，每株施250～300克腐熟的有机肥。生长季应及时追肥，一般在5月盛花后追肥，以利夏季开花和秋季花盛。秋末应控制施肥，防止秋梢过旺而受到霜冻。春季开始展叶时，由于新根大量生长，注意不要使用浓肥，以免新根受损，影响生长。

5. 修剪

移栽前，首先要疏去衰老枝、细弱枝、伤残枝、病虫枝，掘苗后还要对根系进行修剪，把老根、病根剪除，将伤根截面剪平，以利愈合。苗木定植后一般需进行1次较强的修剪，常在枝条近部10厘米处剪截，先养好根系，以后才能抽生枝条。

6. 主要病虫害

主要病害有白粉病、叶枯病、黑斑病等。主要虫害有蚜虫、介壳虫、朱砂叶螨等。

（三）园林用途

多攀附于各式通风良好的架、廊之上，可形成花球、花柱、花墙、花海、拱门形、走廊形等景观。

十、爬山虎

植物名称：爬山虎（*Parthenocissus tricuspidata*）

别名：地锦、爬墙虎、飞天蜈蚣、假葡萄藤、红丝草、石血、铁信、铁栏杆等

科属：葡萄科地锦属

形态特征：多年生大型落叶木质藤本植物，表皮有皮孔，老枝灰褐色，幼枝紫红色。枝上有卷须，卷须短，多分枝，卷须顶端有黏性吸盘。叶互生，基部楔形，边缘有粗锯齿。花枝上的叶宽卵形，常3裂，或下部枝上的叶分裂成3小叶，基部心形。叶绿色，无毛，背面具有白粉，叶背叶脉处有柔毛，秋季变为鲜红色（图7-10）。幼枝

图7-10

上的叶较小，常不分裂。聚伞花序常着生于两叶间的短枝上，花小，黄绿色，浆果球形，熟时蓝黑色，被白粉。花期6月到7月，果期9月到10月。

生态习性：爬山虎适应性强，性喜阴湿环境，不怕强光，耐寒、耐旱、耐贫瘠、耐修剪，阴湿环境或向阳处均能生长，怕积水，对土壤要求不严，但在阴湿、肥沃的土壤中生长最佳。对二氧化硫和氯化氢等有害气体有较强的抗性，对空气中的灰尘有吸附能力。

产地与分布：原产于亚洲东部及北美洲，我国东北至华南多省区均有

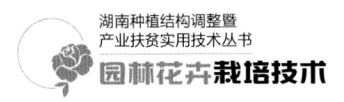

分布。

种类及品种：同属的种类有东南爬山虎（*P. austro-orientalis*），叶小，5枚，聚伞花序与叶对生。花叶爬山虎（*P. henryana*），幼枝四棱，幼叶绿色，背面有白斑或带紫色，花序圆锥状。三叶爬山虎（*P. himalayana*），叶小，3枚，聚伞花序。红三叶爬山虎（*P. var. rubrifolia*），小叶较小较阔，幼时带紫色，聚伞花序较小。五叶爬山虎（*P. quinquefolia*），幼枝圆柱状，叶小，5枚。粉叶爬山虎（*P. thomsoni*），幼枝与幼叶均带紫色，叶背面有白粉。

（一）繁殖技术

爬山虎可采用扦插、压条及播种的方式繁殖。

1. 扦插

嫩枝扦插在夏、秋季带叶扦插，插后遮阴浇水养护，成活率较高。硬枝扦插于 3 月到 4 月进行，将硬枝剪成长 10~15 厘米一段插入土中，浇透水，保持湿润。

2. 压条

采用波浪状压条法，在雨季湿润天气进行，成活率高，秋季即可移栽定植。

3. 播种

种子采收后搓去果皮果肉，洗净晒干后可放在湿沙中低温贮藏一个冬季，保温、保湿有利于催芽，次年 3 月上中旬即可露地播种，5 月上旬即可出苗。

（二）栽培管理

1. 土壤

爬山虎对土壤适应能力强，在房屋墙根及院墙根处均能种植，尤以在阴湿、肥沃的土壤中生长良好。

2. 光温

爬山虎性喜阴湿环境，但不怕强光，耐寒，阴面和阳面均能种植，寒冷地区多种植在向阳地带。

3. 水肥

爬山虎喜湿润，耐旱，但怕积水，梅雨季节切勿积水过久。栽植前深翻土壤，施足腐熟基肥，定植后立即浇清粪水 1 次，生长期，可追施液肥 2~3 次。

4. 修剪

爬山虎耐修剪，生长初期可每月摘心 1 次，以防止藤蔓互相缠绕遮光，并可促使藤苗粗壮。

5. 主要病虫害

白粉病、叶斑病和炭疽病、蚜虫等。

（三）园林用途

爬山虎是垂直绿化的优选植物，适于配植房屋墙壁、围墙、庭园入口等处。还可用于公园山石、护坡、桥头等。

十一、金银花

植物名称：金银花（*Lonicera japonica* Thunb.）

别名：忍冬、二色花藤、金银藤

科属：忍冬科忍冬属

形态特征：多年生半常绿缠绕藤本，幼枝暗红褐色，密被黄褐色糙毛及腺毛，下部常无毛，叶对生，卵形或卵状长圆形，先端短钝尖，基部圆形或近心形。总花梗通常单生于小枝上部叶腋，花冠白色，后变黄色，唇形，花冠筒细长，有芳香（图 7-11）。浆果球形，熟时蓝黑色，有光泽；种子卵圆形或椭圆形，褐色。花期 4 月到

图 7-11

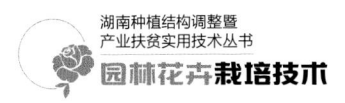

6月，果熟期10月到11月。

生态习性：金银花适应性强，喜阳光，也耐阴，耐寒性强，也耐干旱和水湿。对土壤要求不严，酸性、碱性土壤均能适应。根系繁密发达，萌蘖力强，茎蔓着地即能生根。

产地与分布：原产于中国，广布于我国南北各省区。

种类及品种：

黄脉金银花（var. *aureoreticulata*），叶有黄色网纹。

红金银花（var. *chinensis*），花冠外面带红色。

白金银花（var. *halliana*），花开时纯白色，后变黄色。

紫脉金银花（var. *repens*），叶脉紫色，花冠白色带紫晕。

（一）繁殖技术

可用播种、扦插、压条、分株等方法繁殖。

1. 播种

4月播种，将种子在35℃~40℃温水中浸泡24小时，取出湿沙催芽，播后覆土1厘米，每2天喷水1次，第二年春季移栽。

2. 扦插

一般在夏秋阴雨天气，选健壮无病虫害的1~2年生枝条截成15~20厘米长的插条，摘去下部叶子，只留上部1~2片叶子，下切口最好在芽的基部削成平滑的斜面以利生根。插后注意遮阴保湿，第二年春季即可移栽。

（二）栽培管理

1. 土壤

金银花对土壤要求不严，酸性、碱性土壤均能适应。

2. 光温

金银花喜温暖湿润、阳光充足的环境，也耐阴，但常年在荫庇处会致其生长不良，耐寒性强，可露地安全越冬。

3. 浇水

金银花耐干旱，也耐水湿。春季温度回升，是金银花生长旺季，应保持水分充足，但不宜过多，否则容易徒长。夏季天气炎热，蒸发量大，应适当多浇水。冬季浇水可适当减少，保持土壤湿润即可。

4. 施肥

栽植后的头 1~2 年，是发育定型期，多施人畜粪、草木灰、尿素、硫酸钾等肥料。栽植 2~3 年后，每年春初，应多施厩肥、饼肥、过磷酸钙等肥料。第一茬花采收后应追适量氮、磷、钾复合肥料，为下茬花提供充足的养分。

5. 修剪

秋季落叶后到春季发芽前进行修剪，一般是旺枝轻剪，弱枝强剪，剪枝时，细弱枝、枯老枝、基生枝等全部剪掉，株龄老化的剪去老枝，促发新枝。幼龄植株以培养株型为主，要轻剪。

6. 主要病虫害

主要病害有褐斑病、白粉病、炭疽病等。

（三）园林用途

绿化矮墙；亦可以利用其缠绕能力制作花廊、花架、花栏、花柱以及缠绕假山石等。

参考文献
Reference

［1］费砚良，刘青林，葛红.中国作物及其野生近缘植物·花卉卷［M］.北京：中国农业出版社，2008.

［2］包满珠.花卉学［M］.北京：中国农业出版社，2003.

［3］陈有民.园林树木学［M］.北京：中国林业出版社，2011.

［4］陈俊愉，程绪珂.中国花经［M］.上海：上海文化出版社，1990.

［5］刘建秀.草坪·地被植物·观赏草［M］.南京：东南大学出版社，2001.

［6］董保华，龙雅宜.园林绿化植物的选择与栽培［M］.北京：中国建筑工业出版社，2007.

［7］东北林学院.森林生态学［M］.北京：中国林业出版社，1981.

［8］彭春生，李淑萍.盆景学［M］.北京：中国林业出版社，1994.

［9］萧鸣.美化家园：单位环境绿化美化技术与管理［M］.北京：中国建筑工业出版社，1999.

湖南省园林花卉产业历史悠久，种植面积位居全国前列。2018年全省种植面积达7.8万公顷，生产、加工、销售全产业链总产值近300亿元，形成了以长沙县和浏阳市"百里花木走廊"为核心的园林花卉产业带，以邵阳为中心的药用花卉产业带，以常德和益阳为中心的绿化苗木产业带等产业集群带，重点发展了以杜鹃、红花檵木、桂花、樟树、紫薇等为主打品种的特色园林花卉苗木产业，为促进区域经济发展、助力乡村振兴做出积极贡献。

　　为满足生产需要，普及推广栽培新技术，我们组织编写了《园林花卉栽培技术》，重点介绍了一二年生花卉、宿根花卉、球根花卉、木本花卉、藤本花卉的繁殖技术、栽培管理技术、病虫害防治技术等内容。本书层次分明，文字通俗易懂，图文并茂，实用性强，可作为技术培训资料或供从业人员在生产中参考使用。

　　本书在编写过程中参阅和引用了国内外许多学者、专家的研究成果与文献，在此一并表示感谢！

　　由于编者水平有限，书中错误或不妥之处，敬请批评指正。

编　者